Mathematics for Quantum Mechanics
Fourier Analysis and Special Functions

物理数学

量子力学のためのフーリエ解析・特殊関数

柴田尚和・是常 隆 [著]

共立出版

まえがき

　自然現象を数を用いて表したとき，物理法則は数式として表現されます．私達はこの数式を扱うことで，現象を正しく理解して未知の世界を正確に想像します．しかしながら，自然界を構成するすべてのものが，個別的な粒子としての特徴をもつとともに，空間的に拡がって干渉を引き起こす波としての特徴も合わせもつという量子力学の概念は，物理学の中でも特に難解であり，その理解のためには多くの数学的な知識が必要になります．本書はそこで必要になる知識や計算法を解説したものです．

　自然法則の多くは，物理量とその変化の大きさを表す微分演算子との組み合わせによって表現されますが，その典型が，ベッセル関数，球面調和関数，エルミート多項式等を解とする 2 階微分方程式です．本書では前半でフーリエ解析，後半で特殊関数を扱い，様々な関数表現を用いてこれらの方程式の解を解析的に求めていきます．このような方程式の解析解には，与えられた境界条件を満たすことによって生み出される構造と秩序の本質が集約されています．例えば，原子核が作る球対称静電ポテンシャル中の電子の波動関数を量子力学の方程式である 2 階微分方程式を解くことにより求めると，球面調和関数がその角運動量の固有状態として得られますが，その固有値と軌道関数の特徴は，各元素の化学的特性を説明する元素周期表の構造を再現し，単純な 2 階微分方程式があらゆる分子や結晶の構造と機能を生み出す電子軌道の基本的性質を決めています．このようにして，複雑な現実の世界が単純な方程式から創り出されていることを知ると，微分方程式の解の重要性が実感できます．

　本書は量子力学を中心とする物理学の標準的な教科書を読みこなすために必要になる数学の知識を学部 1,2 年生向けに 1 冊にまとめたものです．各章の演習問題に取り組むことで理解を深め，最後に付録で知識の整理と確認ができるようにしました．複素関数論の基礎知識を前提にしていますが，独習でも途中で

つまずくことがないように，式変形は丁寧に記述しています．方程式の解き方とその解の特徴を正確に理解することで，多様な現象の本質を見抜く力を養ってください．

2021 年 8 月

柴田 尚和

是常 隆

目　次

第8章　エルミート多項式　　　　　　　　　　　　　　128

付録A　微分方程式と解のまとめ　　　　　　　　　　　139

参考文献　　　　　　　　　　　　　　　　　　　　　144

問題の解答　　　　　　　　　　　　　　　　　　　145

索　　引　　　　　　　　　　　　　　　　　　　　165

第1章

級数展開

物理学では数式を使って現象を表現し，数学的な抽象空間の中でその振る舞いを解析する．そのため，現象を理解するためには数式で表現された方程式の解を得る必要が生じる．本章では，そうした方程式の解を得るために用いる数や関数の表現方法を説明する．

1.1 級数による数の表現

はじめに，数の表現方法から考えてみよう．数として最も基本的なものは整数で，我々は通常 0 から 9 のアラビア数字を使って，十進数で表す．整数と整数の間の数は，小数を使って表すが，例えば 1 を 3 で割って得られる数を数値で表すと，0.33333··· という表現になって，正確に表すことができなくなる．このようなときには分数を使って表すこともできるが，それは割り算をして得られる数を記号のように表記しているだけで，その大きさを具体的に数値で表現しているわけではない．電卓を使って 1 ÷ 3 を計算しても，電卓の CPU の中では，有限の桁数の 2 進数 (ビット列) を使って数を表現しているので，近似的にその値を求めることしかできない．

そこで現れる概念が級数である．級数を用いると，例えば 1/3 は 0.1 を 3 つ足して，さらに，0.01 を 3 つ足して，さらに，0.001 を 3 つ足してというように，割り切れる数を整数倍して，無限に足し合わせていくことで正確に 1 ÷ 3 の数を表わすことができるようになる．このような無限個の数の和として表現される数が，無限級数と呼ばれるものである．このような無限級数の例として，

$1 - 1/3 + 1/5 - 1/7 + \cdots$ がある．これは奇数分の 1 の交替級数であるが，この級数の値がどのような数になっているか分かるだろうか？

1.1.1 無限級数

無限項の数列 $\{a_n\}$ の和 $\sum_{n=0}^{\infty} a_n$ により定義された数を無限級数という．

$$\sum_{n=0}^{\infty} a_n = a_0 + a_1 + a_2 + a_3 + \cdots$$

無限級数の一例は

$$\sum_{n=0}^{\infty} (-1)^n \frac{1}{2n+1} = 1 - \frac{1}{3} + \frac{1}{5} - \frac{1}{7} + \cdots$$

である．

1.1.2 無限級数の値

無限項の数列 $\{a_n\}$ のなかで $n = 0$ から m までの項の部分和

$$S_m = \sum_{n=0}^{m} a_n = a_0 + a_1 + a_2 + a_3 + \cdots + a_m$$

によって定義される数列 $\{S_m\}$ に極限値

$$S = \lim_{m \to \infty} S_m$$

が存在するとき，級数 $\sum_{n=0}^{\infty} a_n$ は**収束**して，値 S をもつという．

より数学的には，極限 S が存在するための条件は，任意の $\epsilon > 0$ に対して，ある N が存在し，$i > N$ に対して，

$$|S - S_i| < \epsilon$$

が成り立つ，というものである．

いくつか例を見てみよう．

● 収束しない例（発散する場合）

$$\sum_{n=0}^{\infty} n = 0 + 1 + 2 + 3 + \cdots$$

部分和 $s_m = \frac{m(m+1)}{2}$ が $m \to \infty$ で発散する．このように部分和が $m \to \infty$ で発散する場合，無限級数が**発散**するという．

● 収束しない例（振動する場合）

$$\sum_{n=0}^{\infty} (-1)^n = 1 - 1 + 1 - 1 + \cdots$$

部分和 s_m は m が奇数なら 0，偶数なら 1 となって，極限は存在しない．

● 収束する例（**等比数列**）

$$\sum_{n=0}^{\infty} ar^n = a + ar + ar^2 + \cdots$$

部分和

$$s_m = a\frac{1 - r^m}{1 - r}$$

は $|r| < 1$ で収束して

$$\sum_{n=0}^{\infty} ar^n = \frac{a}{1 - r}$$

となる．

● 収束する例（**円周率**）

円周率 π のような無理数も無限級数で表現することができる．

グレゴリーの展開式　–ライプニッツの公式–

$$\frac{\pi}{4} = \sum_{n=0}^{\infty} (-1)^n \frac{1}{2n + 1} = 1 - \frac{1}{3} + \frac{1}{5} - \frac{1}{7} + \cdots$$

オイラーの展開式

$$\frac{\pi}{4} = \sum_{n=0}^{\infty} (-1)^n \frac{1}{2n + 1} \left[\left(\frac{1}{2}\right)^{2n+1} + \left(\frac{1}{3}\right)^{2n+1} \right]$$

このように，異なる級数を用いて，同じ数を表現することも可能である．

1.2 級数の収束判定法

　無限級数が収束するかどうかを見分けることは，とても重要なことであり，これまでに様々な収束判定法が考案されてきた．以下で説明するダランベルトの判定式は，その一つである．

1.2.1 ダランベルトの判定式

$$\lim_{n \to \infty} \left| \frac{a_{n+1}}{a_n} \right| = L \tag{1.1}$$

となる極限値 L が存在する場合，$0 \leq L < 1$ ならば級数 $\sum_{n=0}^{\infty} a_n$ は収束し，$L > 1$ ならば発散する．これは，等比級数と比較することで確認することができる．ダランベルトの判定式は $L = 1$ の場合に収束するかどうか判定できないが，適用が簡単なため広く使われている．

1.2.2 絶対収束

　一般に，収束する無限級数の中で各項の符号が変化する級数は，部分的な打ち消し合いがおこるため，符号が変化しない場合より，収束が早くなる．したがって，各項の絶対値の級数 $\sum_{n=0}^{\infty} |a_n|$ が収束すれば $\sum_{n=0}^{\infty} a_n$ は収束する．このとき $\sum_{n=0}^{\infty} a_n$ は**絶対収束**するという．また，$\sum_{n=0}^{\infty} a_n$ は収束するが，$\sum_{n=0}^{\infty} |a_n|$ は発散するとき，$\sum_{n=0}^{\infty} a_n$ は**条件収束**するという．ダランベルトの判定式 (1.1) は，級数の符号によらない判定法なので，絶対収束を確認する判定法である．

　絶対収束する級数は以下のような性質をもつため，具体的な計算をする際に絶対収束することを確認することは重要になる．

- ある級数が絶対収束するとき，その級数の和は項が加算される順序によらない．
- 絶対収束する級数同士はかけることができ，その積の級数も絶対収束する．

なお，条件収束する例としては以下のようなものがある．

$$1 - \frac{1}{2} + \frac{1}{3} - \frac{1}{4} + \cdots = \sum_{n=1}^{\infty} \frac{(-1)^{n+1}}{n} = \log 2$$

$$1 + \frac{1}{2} + \frac{1}{3} + \frac{1}{4} + \cdots = \sum_{n=1}^{\infty} \frac{1}{n} = \infty$$

1.3　級数を用いた関数の表現

次に数の集合により定義される，関数の表現について考えよう．

1.3.1　関数項級数

無限項の関数列 $\{f_n(x)\}$ の和 $\sum_{n=0}^{\infty} f_n(x)$ により定義された関数を関数項級数という．

$$\sum_{n=0}^{\infty} f_n(x) = f_0(x) + f_1(x) + f_2(x) + f_3(x) + \cdots$$

以下のようなベキ級数

$$\sum_{n=0}^{\infty} a_n x^n = a_0 + a_1 x + a_2 x^2 + a_3 x^3 + \cdots$$

も関数項級数の一つである．

1.3.2　関数項級数の和

関数項級数の和は，無限級数の和のときと同様に定義できる．すなわち関数列 $\{f_n(x)\}$ の $n = 0$ から m までの部分和

$$S_m(x) = \sum_{n=0}^{m} f_n(x) = f_0(x) + f_1(x) + f_2(x) + \cdots + f_m(x)$$

によって定義される関数列 $\{S_m(x)\}$ について，ある領域の任意の x で極限値

$$S(x) = \lim_{m \to \infty} S_m(x)$$

が存在するとき，関数項級数 $\sum_{n=0}^{\infty} f_n(x)$ は収束し，その関数は $S(x)$ となる．この関数項級数の収束に関する重要な概念が以下に示す**一様収束**である．

1.3.3　一様収束

区間 $[a,b](a \leq x \leq b)$ で x によらず，すべての $m \geq N$ に対して

$$|S(x) - S_m(x)| < \epsilon$$

であるような N が任意の小さな $\epsilon > 0$ に対して存在するとき，関数項級数 $\sum_{n=0}^{\infty} f_n(x)$ は区間 $[a,b]$ で**一様収束**するという．

一様収束とは図 1.1 に示すように任意の小さな ϵ に対して十分大きな m を考えることで，区間内の任意の x において $S(x)$ と $S_m(x)$ の差を常に ϵ 以下にできるということであり，区間内で一様に収束していることを意味する．一様収束しない例としては，後で述べる不連続関数のフーリエ級数展開がある．連続関数 $f_n(x)$ を用いた関数項級数で不連続関数を表現しようとすれば，不連続点において一様収束が困難になることは，上記の定義から理解できる．

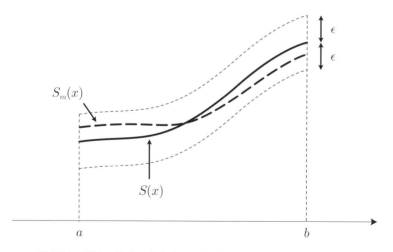

図 1.1　一様収束の様子．任意の小さな ε に対して，$m > N$ となるすべての $S_m(x)$ が $S(x) - \varepsilon$ と $S(x) + \varepsilon$ の間に収まる．

区間 $[a, b]$ で一様収束する関数項級数 $f(x) = \sum_{n=0}^{\infty} f_n(x)$ は以下の性質を満たす.

- 個々の項 $f_n(x)$ が連続であれば,$f(x)$ も連続である.
- 個々の項 $f_n(x)$ が連続であれば,級数は項別積分が可能である.

$$\int_a^b f(x)dx = \sum_{n=0}^{\infty} \int_a^b f_n(x)dx$$

- $f_n(x)$ および $df_n(x)/dx$ が $[a, b]$ で連続かつ,$\sum_{n=0}^{\infty} df_n(x)/dx$ が $[a, b]$ で一様収束すれば,項別微分が可能である.

$$\frac{d}{dx}f(x) = \sum_{n=0}^{\infty} \frac{d}{dx}f_n(x).$$

項別積分や項別微分が可能であるとは,関数項級数の無限和と積分や微分の順番を入れ替えてもよいということである.このような和と積分、微分の順番の入れ替えは一見いつでも可能に思えるが,無限和を扱う場合にはその入れ替えにこのような条件の成立が必要である.なお,物理的な問題への応用を考える場合,項別積分はほとんどの場合可能である.

問題 1.1 区間 $[0, 1]$ で定義される関数項級数

$$f(x) = \sum_{n=0}^{\infty} f_n(x) = \sum_{n=0}^{\infty} (1-x)x^n$$

が一様収束するかどうか調べよ.

1.4 ベキ級数を用いた関数の表現

1.4.1 テイラー展開

関数 $f(x)$ が有限の領域 $|x - a| < R$ で解析的なとき,$f(x)$ はベキ級数で展開でき,展開係数 a_n は次のように一意に定まる.

$$f(x) = \sum_{n=0}^{\infty} a_n (x - a)^n$$

$$= f(a) + f'(a)(x - a) + \frac{f''(a)}{2}(x - a)^2$$

$$+ \frac{f'''(a)}{3!}(x - a)^3 + \cdots + \frac{f^{(n)}(a)}{n!}(x - a)^n + \cdots$$

$$a_n = \frac{f^{(n)}(a)}{n!}, \qquad f^{(n)}(x) \text{ は } f(x) \text{ の } n \text{ 階の導関数}$$

このようなベキ級数展開を，$x = a$ を中心とする $f(x)$ の**テイラー展開**という．特に $a = 0$ の場合の展開を**マクロリン展開**と呼ぶ．

1.4.2 ベキ級数の収束半径

ベキ級数 $\sum_{n=0}^{\infty} A_n x^n$ が $|x| < R$ で収束し，$|x| > R$ で発散するとき R を**収束半径**という．

次の極限値 l が存在するとき収束半径 R はその逆数で与えられる．

$$\lim_{n \to \infty} \left| \frac{A_{n+1}}{A_n} \right| = l \quad \text{のとき} \quad R = \frac{1}{l}$$

1.4.3 ベキ級数の性質

ベキ級数には以下の性質がある．

- 一様収束と絶対収束

  ベキ級数の収束半径を R とすると，その内部の区間 $-S \le x \le S$
  ($0 < S < R$) で級数は一様かつ絶対収束する．

- 連続性

  各項 $f_n(x) = x^n$ は連続関数なので $f(x) = \sum_{n=0}^{\infty} a_n x^n$ は一様収束区間内で連続関数となる．

- 微分と積分

  微分，積分によって導入される因子は，収束判定に影響を与えない．ベキ級数は一様収束区間内でいつでも微分，積分が可能である．

● 一意性

　関数のベキ級数による表式は一意的である．

1.4.4　テイラー展開の例

　解析関数のテイラー展開の例を以下に示す．

$$\frac{1}{1-x} = 1 + x + x^2 + x^3 + \cdots + x^n + \cdots$$

$$\log(1+x) = x - \frac{x^2}{2} + \frac{x^3}{3} + \cdots + \frac{(-1)^{n+1}}{n}x^n + \cdots$$

$$e^x = 1 + x + \frac{x^2}{2!} + \frac{x^3}{3!} + \cdots + \frac{x^n}{n!} + \cdots$$

$$\sin x = x - \frac{x^3}{3!} + \frac{x^5}{5!} - \cdots + (-1)^n \frac{x^{2n+1}}{(2n+1)!} + \cdots$$

$$\cos x = 1 - \frac{x^2}{2!} + \frac{x^4}{4!} - \cdots + (-1)^n \frac{x^{2n}}{(2n)!} + \cdots$$

このように，解析関数はテイラー展開によりベキ級数で表すことができ，項別に微積分を行うことができる．テイラー展開の収束の様子は，図 1.2 から図 1.4 に示す．

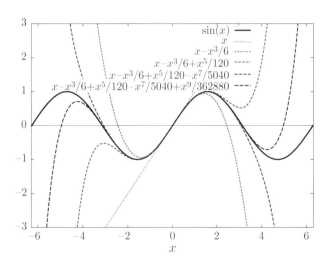

図 1.2　$\sin(x)$ の $x = 0$ でのテイラー展開

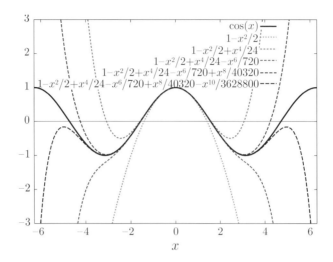

図 1.3　$\cos(x)$ の $x = 0$ でのテイラー展開

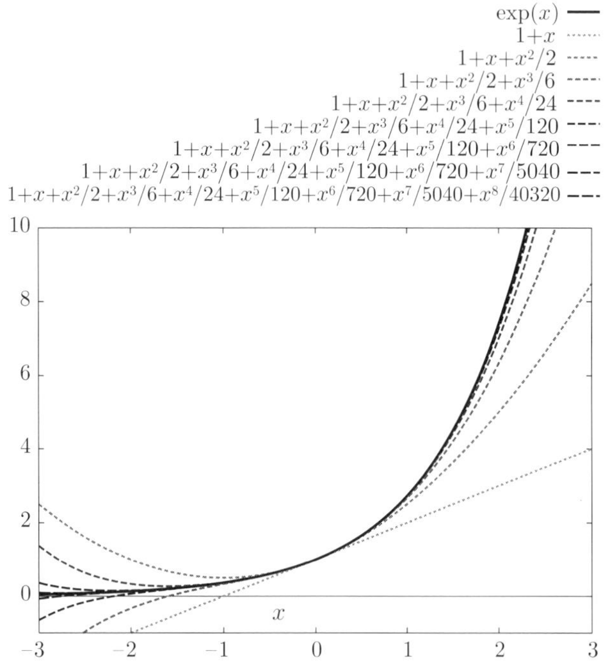

図 1.4　$\exp(x)$ の $x = 0$ でのテイラー展開

問題 1.2   ダランベルトの判定式 (1.1) を証明せよ.

問題 1.3   ベキ級数 $\sum_{n=0}^{\infty} x^n$ の収束半径を求めよ.

問題 1.4   関数 $f(x)$ を $x = a$ においてテイラー展開すると,得られるベキ級数の $x = a$ での n 階の微分係数が,$f(x)$ の $x = a$ での n 階の微分係数 $f^{(n)}(a)$ に等しいことを示せ.

問題 1.5 $\sin(kx)$ を $x = 0$ の点でテイラー展開せよ.

問題 1.6   問題 1.5 で得られたベキ級数を項別に x で微分し $k\cos(kx)$ に等しくなることを示せ.

第2章
フーリエ解析

フーリエ級数は，第1章で説明した関数項級数の一つで，様々な周期の $\sin$ 関数や $\cos$ 関数を足し合わせて関数を表現したものである．前章では，ベキ級数を使った関数の展開，すなわち，様々なベキの関数を足し合わせて，任意の解析関数を表現したが，本章では，ベキ関数の代わりに三角関数を使った任意の関数の表現を考える．前半はフーリエ級数，後半ではフーリエ変換を扱う．

2.1　フーリエ級数

2.1.1　フーリエ級数展開

区間 $[-\pi, \pi]$ で定義される関数 $f(x)$ を 2π の周期をもつ三角関数

$$\{1, \cos(x), \cos(2x), \cos(3x), \cdots \sin(x), \sin(2x), \sin(3x), \cdots\}$$

を用いて

$$\begin{aligned}
f(x) = {} & \frac{a_0}{2} + a_1 \cos(x) + a_2 \cos(2x) + a_3 \cos(3x) + \cdots \\
& + b_1 \sin(x) + b_2 \sin(2x) + b_3 \sin(3x) + \cdots
\end{aligned} \tag{2.1}$$

のように展開することを，$f(x)$ の**フーリエ (Fourier) 級数展開**という．

$f(x)$ が連続，あるいは図 2.1(a) の短形波のように区分的に連続 [1] な関数であれば，展開係数 a_n, b_n を決める積分が定義でき，図 2.1(b) に示すようにフーリエ級数展開が可能になる．

---

1) p.18 の脚注 2) を参照．

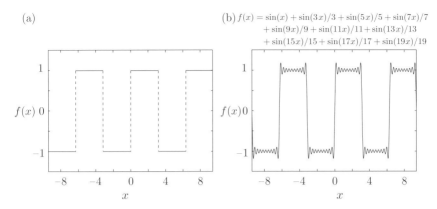

図 2.1　(a) 矩形波，　(b) $\sin(x)$ から $\sin(19x)$ までの三角関数を使って表現した矩形波のフーリエ級数展開

2.1.2　三角関数の直交性

まず，準備として三角関数の直交性を示す．三角関数 $\cos nx$, $\sin mx$ の積を $n, m = 0, 1, 2, 3, \cdots$ として区間 $[-\pi, \pi]$ で積分すると，以下の結果を得る．

● $n \neq m$ の場合

$$\int_{-\pi}^{\pi} \cos(nx)\sin(mx)dx = 0 \tag{2.2}$$

$$\int_{-\pi}^{\pi} \cos(nx)\cos(mx)dx = 0 \tag{2.3}$$

$$\int_{-\pi}^{\pi} \sin(nx)\sin(mx)dx = 0 \tag{2.4}$$

● $n = m \neq 0$ の場合

$$\int_{-\pi}^{\pi} \cos(nx)\sin(mx)dx = \int_{-\pi}^{\pi} \cos(nx)\sin(nx)dx = 0 \tag{2.5}$$

$$\int_{-\pi}^{\pi} \cos(nx)\cos(mx)dx = \int_{-\pi}^{\pi} \cos^2(nx)dx = \pi \tag{2.6}$$

$$\int_{-\pi}^{\pi} \sin(nx)\sin(mx)dx = \int_{-\pi}^{\pi} \sin^2(nx)dx = \pi \tag{2.7}$$

- $n = m = 0$ の場合

$$\int_{-\pi}^{\pi} \cos(0 \cdot x) \cos(0 \cdot x) dx = \int_{-\pi}^{\pi} 1 dx = 2\pi \tag{2.8}$$

問題 2.1　加法定理：$\sin(A \pm B) = \sin A \cos B \pm \cos A \sin B,$　$\cos(A \pm B) = \cos A \cos B \mp \sin A \sin B$ を用いて，式 (2.2)-(2.8) を確認せよ．

これは異なる三角関数の積を区間 $[-\pi, \pi]$ で積分すると必ずその積分値が 0 になることを示しており，

$$\phi_0(x) = \frac{1}{\sqrt{2\pi}} \tag{2.9}$$

$$\phi_{2n-1}(x) = \frac{1}{\sqrt{\pi}} \sin nx \quad (n = 1, 2, 3, \cdots) \tag{2.10}$$

$$\phi_{2n}(x) = \frac{1}{\sqrt{\pi}} \cos nx \quad (n = 1, 2, 3, \cdots) \tag{2.11}$$

のように三角関数を規格化すれば，次の**正規直交関係**

$$\int_{-\pi}^{\pi} \phi_i(x)\phi_j(x) dx = \delta_{ij} \qquad \delta_{ij} = \begin{cases} 1 & (i = j) \\ 0 & (i \neq j) \end{cases} \tag{2.12}$$

が成り立っていることを示している．このような関数 $\phi_i(x)$ を区間 $[-\pi, \pi]$ での**正規直交関数**という．

2.1.3　直交関数展開の展開係数

関数 $f(x)$ が正規直交関数 $\phi_i(x)$ を用いて区間 $[-\pi, \pi]$ で

$$f(x) = \sum_{i=0}^{\infty} c_i \phi_i(x) \tag{2.13}$$

のように展開される場合，

$$\begin{aligned} \int_{-\pi}^{\pi} f(x)\phi_j(x) dx &= \int_{-\pi}^{\pi} \sum_{i=0}^{\infty} c_i \phi_i(x)\phi_j(x) dx \\ &= \sum_{i=0}^{\infty} c_i \int_{-\pi}^{\pi} \phi_i(x)\phi_j(x) dx \\ &= \sum_{i=0}^{\infty} c_i \delta_{ij} \\ &= c_j \end{aligned}$$

より，展開係数 c_i は関数 $f(x)$ と正規直交関数 $\phi_i(x)$ の積の積分

$$c_i = \int_{-\pi}^{\pi} f(x)\phi_i(x)dx \tag{2.14}$$

によって与えられる．

2.1.4 フーリエ展開係数

2.1.2 項で三角関数が直交関数になっていることを確認しているので，式 (2.14) を用いてフーリエ展開係数 a_n, b_n を求めてみよう．直交関数で $f(x)$ を展開した式 (2.13) は規格化された三角関数 (2.9)-(2.11) を用いて

$$\begin{aligned}
f(x) &= \sum_{i=0}^{\infty} c_i\phi_i(x) \\
&= \frac{c_0}{\sqrt{2\pi}} + \frac{c_1}{\sqrt{\pi}}\sin x + \frac{c_2}{\sqrt{\pi}}\cos x \\
&\quad + \frac{c_3}{\sqrt{\pi}}\sin 2x + \frac{c_4}{\sqrt{\pi}}\cos 2x + \cdots
\end{aligned} \tag{2.15}$$

と表すことができる．また，式 (2.14) より

$$\begin{aligned}
c_0 &= \int_{-\pi}^{\pi} f(x)\phi_0(x)dx \\
&= \int_{-\pi}^{\pi} f(x)\frac{1}{\sqrt{2\pi}}\,dx
\end{aligned} \tag{2.16}$$

$$\begin{aligned}
c_{2n-1} &= \int_{-\pi}^{\pi} f(x)\phi_{2n-1}(x)dx \\
&= \int_{-\pi}^{\pi} f(x)\frac{1}{\sqrt{\pi}}\sin nx\,dx
\end{aligned} \tag{2.17}$$

$$\begin{aligned}
c_{2n} &= \int_{-\pi}^{\pi} f(x)\phi_{2n}(x)dx \\
&= \int_{-\pi}^{\pi} f(x)\frac{1}{\sqrt{\pi}}\cos nx\,dx
\end{aligned} \tag{2.18}$$

となるので，上式 (2.16)-(2.18) の右辺を展開式 (2.15) に代入することで

$$f(x) = \frac{1}{2\pi}\int_{-\pi}^{\pi} f(x')\,dx'$$

$$+ \sum_{n=1}^{\infty} \left(\frac{1}{\pi} \int_{-\pi}^{\pi} f(x') \sin nx' \ dx' \right) \sin nx$$

$$+ \sum_{n=1}^{\infty} \left(\frac{1}{\pi} \int_{-\pi}^{\pi} f(x') \cos nx' \ dx' \right) \cos nx \tag{2.19}$$

が得られる. この式 (2.19) と式 (2.1) のフーリエ級数

$$f(x) = \frac{a_0}{2} + \sum_{n=1}^{\infty} a_n \cos(nx) + \sum_{n=1}^{\infty} b_n \sin(nx)$$

とを比較することで, そのフーリエ級数の展開係数 a_n, b_n が

$$a_n = \frac{1}{\pi} \int_{-\pi}^{\pi} f(x) \cos nx \ dx \qquad (n = 0, 1, 2, 3, \cdots) \tag{2.20}$$

$$b_n = \frac{1}{\pi} \int_{-\pi}^{\pi} f(x) \sin nx \ dx \qquad (n = 1, 2, 3, 4, \cdots) \tag{2.21}$$

のように決まることが分かる.

例題 関数 $f(x) = x$ を区間 $[-\pi, \pi]$ でフーリエ級数展開せよ.
　　解

$$\begin{aligned}
a_n &= \frac{1}{\pi} \int_{-\pi}^{\pi} x \cos nx \ dx \\
&= 0 \\
b_n &= \frac{1}{\pi} \int_{-\pi}^{\pi} x \sin nx \ dx \\
&= \frac{2}{\pi} \int_{0}^{\pi} x \sin nx \ dx \\
&= \frac{2}{\pi} \left[x \left(-\frac{\cos nx}{n} \right) \right]_0^{\pi} - \frac{2}{\pi} \int_0^{\pi} \left(-\frac{\cos nx}{n} \right) dx \\
&= -\frac{2}{\pi} \frac{\pi(-1)^n}{n} + \frac{2}{\pi} \left[\frac{\sin nx}{n^2} \right]_0^{\pi} \\
&= (-1)^{n+1} \frac{2}{n}
\end{aligned}$$

より

$$f(x) = \sum_{n=1}^{\infty} (-1)^{n+1} \frac{2 \sin(nx)}{n}.$$

図 2.2 にこのフーリエ級数展開を有限項で打ち切ったときのグラフを示す.

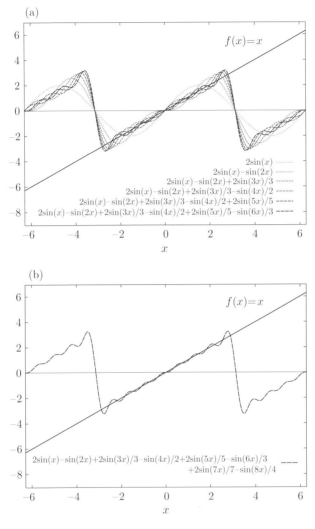

図 2.2　$f(x) = x$ の区間 $[-\pi,\pi]$ でのフーリエ級数展開．(a) 第 6 項まで．(b) 第 8 項まで．

問題 2.2　区間 $[-\pi,0]$ で -1, 区間 $[0,\pi]$ で 1 となる方形波をフーリエ級数展開せよ．

問題 2.3　関数 $f(x) = |x|$ を区間 $[-\pi,\pi]$ でフーリエ級数展開せよ．

2.2　フーリエ級数の収束性

　これまでは，関数 $f(x)$ がフーリエ級数で表現できることを前提にして，級数展開を行ってきた．しかし，無限項の関数列の和であるフーリエ級数が確実に収束して，展開前の関数 $f(x)$ を正しく再現することは，無条件で保証されているわけではない．ここでは，無限項の関数列の和として表現されるフーリエ級数が，どのような条件で $f(x)$ に収束するか確認する．

　第 N 項までのフーリエ級数の和を

$$S_N(x) = \frac{a_0}{2} + \sum_{n=1}^{N} a_n \cos(nx) + \sum_{n=1}^{N} b_n \sin(nx) \tag{2.22}$$

のように定義すると，$\lim_{N \to \infty} S_N(x)$ の振る舞いからフーリエ級数の収束性を考えることができる。このとき得られる $\lim_{N \to \infty} S_N(x)$ と $f(x)$ の関係を先に述べておくと，以下のようになっている。

- 平均収束

  $f(x)$ が区間 $[-\pi, \pi]$ で区分的に連続[2] であれば，フーリエ級数は以下のように平均収束する．
  $$\lim_{N \to \infty} \int_{-\pi}^{\pi} [f(x) - S_N(x)]^2 dx = 0$$

- 各点収束

  $f(x)$ が区間 $[-\pi, \pi]$ で区分的になめらかであれば，連続な点ではその値に収束し，不連続な点でもその両側の極限値の平均に収束する．
  $$\lim_{N \to \infty} S_N(x) = \frac{f(x+0) + f(x-0)}{2}$$

- 一様収束

  $f(x)$ が区間 $[-\pi, \pi]$ で区分的になめらかで，連続かつ $f(-\pi) = f(\pi)$ であれば，フーリエ級数は一様収束する．

---

2) 区間 $[a, b]$ で区分的に連続とは，区間 $[a, b]$ の中にたかだか有限個の不連続点が存在し，それ以外の点では連続であること，かつ，その不連続点の右側極限と左側極限が存在し，その値が有限であることを意味する．導関数が区分的に連続な場合を区分的になめらかという．

2.2.1 フーリエ級数の各点収束

ここでは,上で述べた収束性のうち,各点収束についてフーリエ級数の展開係数を用いて具体的に確認する.$S_N(x)$ を式 (2.22) の展開係数を使って表すと

$$S_N(x) = \frac{1}{2\pi} \int_{-\pi}^{\pi} f(x') \ dx' + \sum_{n=1}^{N} \left(\frac{1}{\pi} \int_{-\pi}^{\pi} f(x') \sin nx' \ dx' \right) \sin nx$$

$$+ \sum_{n=1}^{N} \left(\frac{1}{\pi} \int_{-\pi}^{\pi} f(x') \cos nx' \ dx' \right) \cos nx$$

となる.ここで,和と積分の順序を入れ替え,加法定理 ($\sin nx \sin nx' + \cos nx \cos nx' = \cos[n(x' - x)]$) を用いると

$$S_N(x) = \frac{1}{2\pi} \int_{-\pi}^{\pi} f(x') \ dx' + \frac{1}{\pi} \int_{-\pi}^{\pi} f(x') \sum_{n=1}^{N} \cos[n(x' - x)] \ dx'$$

$$= \frac{1}{2\pi} \int_{-\pi}^{\pi} f(x') \left[1 + \sum_{n=1}^{N} (e^{in(x'-x)} + e^{-in(x'-x)}) \right] \ dx'$$

$$= \frac{1}{2\pi} \int_{-\pi}^{\pi} f(x') \sum_{n=-N}^{N} e^{in(x'-x)} \ dx'$$

のように表すことができる.$f(x)$ が区間 $[-\pi, \pi]$ の外でも周期 2π の関数であるとすると,積分の中の n についての和を $D_N(x - x') = \sum_{n=-N}^{N} e^{in(x'-x)}$ のようにまとめて表記し,$y = x' - x$ という変数変換をすることで

$$S_N(x) = \frac{1}{2\pi} \int_{-\pi}^{\pi} f(x') D_N(x' - x) \ dx'$$

$$= \frac{1}{2\pi} \int_{-\pi}^{\pi} f(x + y) D_N(y) \ dy \tag{2.23}$$

のように書き直すことができる.この $D_N(y)$ はディリクレ核と呼ばれる等比級数の和になっているので

$$D_N(y) = \sum_{n=-N}^{N} e^{iny} = \frac{e^{-iNy} - e^{i(N+1)y}}{1 - e^{iy}} = \frac{\sin((N + 1/2)y)}{\sin(y/2)}$$

のように計算できる.この $D_N(y)$ の積分を考えると,e^{iny} の積分が複素平面の単位円上のちょうど n 周分の寄与の和になるため

$$\int_{-\pi}^{\pi} e^{iny} \, dy = \begin{cases} 2\pi & (n = 0) \\ 0 & (n = \pm 1, \pm 2, \pm 3, \pm 4, \cdots) \end{cases}$$

のように $n = 0$ の場合だけが有限に残り

$$\frac{1}{2\pi} \int_{-\pi}^{\pi} D_N(y) \, dy = 1 \tag{2.24}$$

が成り立つ. このことを利用すると

$$\begin{aligned}
S_N(x) - f(x) &= \frac{1}{2\pi} \int_{-\pi}^{\pi} (f(x+y) - f(x)) D_N(y) \, dy \\
&= \frac{1}{2\pi} \int_{-\pi}^{\pi} (f(x+y) - f(x)) \frac{\sin((N + 1/2)y)}{\sin(y/2)} \, dy \\
&= \frac{1}{2\pi} \int_{-\pi}^{\pi} g(x, y) \sin((N + 1/2)y) \, dy \tag{2.25}
\end{aligned}$$

という表現を得ることができる. ただし

$$g(x, y) = \frac{f(x+y) - f(x)}{\sin(y/2)}$$

である. ここで式 (2.25) の被積分関数に含まれる sin 関数に注目すると, N に比例する波数での振動の存在が分かる. この振動の波長 λ は, sin 関数の波長 $2\pi/(N + 1/2)$ にほぼ等しいため, $N \to \infty$ の極限で λ は無限小になる. 被積分関数が有限の振幅のまま無限小の波長で振動する場合, 正の部分の面積と負の部分の面積が限りなく正確にキャンセルし, $\lambda \to 0$ の極限で, 有限区間の積分値は 0 になる[3]. ここで注意すべき点は, 積分値が 0 になるためには $g(x, y)$ の値が任意の x, y で発散せず有限になっていなければならないということで, 特に分母 $\sin(y/2) \sim y/2$ が 0 になる $y \to 0$ において, $g(x, y)$ が発散しないことを確認する必要がある. そこで, $y \to 0$ の極限に注目すると

---

[3] このことはリーマンの補助定理と呼ばれる. すなわち, 閉区間 $[a, b]$ で $f(x)$ が区分的に連続であれば,

$$\lim_{N \to \infty} \int_a^b f(x) \sin Nx \, dx = 0$$

が成り立つ.

$$\lim_{y \to 0} g(x, y) = \lim_{y \to 0} \frac{f(x+y) - f(x)}{y/2} = 2f'(x)$$

となる．したがって，$f(x)$ が連続で $f'(x)$ が有限であれば，$g(x, y)$ が有限になるので，$N \to \infty$ で式 (2.25) が 0 になり

$$\lim_{N \to \infty} S_N(x) - f(x) = 0$$

となる．これは，フーリエ級数が各点で収束することを表している．$f(x)$ が連続で，$f(-\pi) = f(\pi)$ であれば，さらに一様収束することを示すことができる．

　一方で，$f(x)$ が不連続点を含む場合は，その不連続点において $f'(x)$ が有限でなくなる．したがって不連続点でのフーリエ級数の値については，改めて計算しなければならない．そこで，不連続点を $x = x_0$ としたときの $S_N(x_0)$ の値を式 (2.23) から再度求めると，被積分関数に含まれる $D_N(y)$ は $D_N(y) = D_N(-y)$ の関係を満たす偶関数になっているため，y についての積分を不連続点で分割して求めることで $f(x_0)$ の左極限値 $\lim_{\epsilon \to 0} f(x_0 - \epsilon)$ と右極限値 $\lim_{\epsilon \to 0} f(x_0 + \epsilon)$ の両方が同じ重みで積分に寄与することが分かる．したがって，$f(x)$ の不連続点 $x = x_0$ でのフーリエ級数の値としては両端の極限値の平均値 $\frac{1}{2}[f(x_0 - 0) + f(x_0 + 0)]$ が得られることになり，連続な点を含めた任意の x で

$$\lim_{N \to \infty} S_N(x) - \frac{f(x+0) + f(x-0)}{2} = 0$$

が成り立つ．

　最後に，このような不連続点以外の場所で，式 (2.23) の計算をもう少し進めてみよう．積分と無限和の入れ替えが可能だと仮定すると

$$f(x) = \lim_{N \to \infty} S_N(x) = \frac{1}{2\pi} \int_{-\pi}^{\pi} f(x') \lim_{N \to \infty} D_N(x' - x) \, dx'$$

となる．ここで，

$$\delta(x' - x) = \lim_{N \to \infty} D_N(x' - x) = \lim_{N \to \infty} \frac{\sin((N + 1/2)(x' - x))}{\sin((x' - x)/2)} \tag{2.26}$$

という関数を定義すると

$$f(x) = \frac{1}{2\pi} \int_{-\pi}^{\pi} f(x') \delta(x' - x) \, dx' \tag{2.27}$$

のように表すことができる．また，式 (2.24) から，あるいは式 (2.27) で $f(x) = 1$ として

$$1 = \frac{1}{2\pi} \int_{-\pi}^{\pi} \delta(x' - x) \, dx'$$

が得られる．したがって，$\delta(x' - x)$ は $[-\pi : \pi]$ の区間において後で説明する δ 関数と同じ特徴をもっていることが分かる．

2.2.2　パーセバルの等式

　区分的になめらかな関数のフーリエ級数が各点で収束することを前項で示したが，ここではフーリエ級数が平均収束することを，三角関数の完全正規直交性を利用することで示してみる．

　区間 $[-\pi, \pi]$ で定義される 2 つの関数 $f(x)$ と $g(x)$ の差 $f(x) - g(x)$ の 2 乗平均

$$\int_{-\pi}^{\pi} \{f(x) - g(x)\}^2 \, dx$$

を考えると，被積分関数 $\{f(x) - g(x)\}^2$ は任意の x で 0 以上になるため $f(x)$ と $g(x)$ が等しいときのみこの値は 0 になる．$f(x)$ と $g(x)$ の差が大きくなるとこの 2 乗平均も大きくなるため，この値は 2 つの関数がどれだけ異なっているかを示す指標，すなわち，関数の間の一般的な距離を表すことになる．

　ここで $g(x)$ として正規直交関数 $\{\phi_i(x)\}$ の有限個の線型結合 $g(x) = \sum_{i=0}^{N} c_i \phi_i(x)$ を考えると $\{\phi_i(x)\}$ の正規直交関係 (2.12) を用いて

$$\int_{-\pi}^{\pi} \{f(x) - g(x)\}^2 \, dx$$
$$= \int_{-\pi}^{\pi} \left(f(x) - \sum_{i=0}^{N} c_i \phi_i(x) \right)^2 \, dx$$
$$= \int_{-\pi}^{\pi} \left(\{f(x)\}^2 - 2 \sum_{i=0}^{N} c_i f(x) \phi_i(x) \right) \, dx + \sum_{i=0}^{N} c_i^2$$

と表せる．ここで右辺に $-\{\int_{-\pi}^{\pi} f(x)\phi_i(x)dx\}^2 + \{\int_{-\pi}^{\pi} f(x)\phi_i(x)dx\}^2 = 0$ を形式的に加えると

$$\int_{-\pi}^{\pi} \{f(x) - g(x)\}^2 \, dx = \int_{-\pi}^{\pi} \{f(x)\}^2 \, dx - \sum_{i=0}^{N} \left\{ \int_{-\pi}^{\pi} f(x)\phi_i(x) \, dx \right\}^2$$

$$+ \sum_{i=0}^{N} \left\{ \int_{-\pi}^{\pi} f(x)\phi_i(x) \, dx - c_i \right\}^2 \tag{2.28}$$

のように変形できる．この式から $g(x)$ を $f(x)$ に最も近づけるための c_i の選び方として，第3項が0になる条件

$$c_i = \int_{-\pi}^{\pi} f(x)\phi_i(x) \, dx \tag{2.29}$$

が得られるが，これはフーリエ級数の展開係数を決める，式 (2.14) に他ならない．

c_i をこの条件式 (2.29) に従って決めたとき，2つの関数の差の2乗平均は極小値をとり，式 (2.28) の右辺第1項と第2項

$$\int_{-\pi}^{\pi} \{f(x) - g(x)\}^2 \, dx = \int_{-\pi}^{\pi} \{f(x)\}^2 \, dx - \sum_{i=0}^{N} c_i^2 \tag{2.30}$$

によってその値が定まる．しかし，式 (2.30) の左辺は負にならないので，右辺第2項は必ず右辺第1項より小さくなっている．この条件から，不等式

$$\int_{-\pi}^{\pi} \{f(x)\}^2 \, dx \geq \sum_{i=0}^{N} c_i^2$$

が得られるが，これを**ベッセルの不等式**と呼ぶ．フーリエ級数を有限項で打ち切ったときには，この差を求めることで $f(x)$ からのずれを知ることができる．

この不等式は N を大きくしても成り立つので

$$\int_{-\pi}^{\pi} \{f(x)\}^2 \, dx \geq \sum_{i=0}^{\infty} c_i^2$$

とできるが，$\{\phi_i(x)\}$ が $N \to \infty$ の極限で完全系を構成するときには $f(x)$ の2乗平均 ($f(x)$ のノルムの2乗) は展開後も保存し，次の等式が成り立つ．

$$\int_{-\pi}^{\pi} \{f(x)\}^2 \, dx = \sum_{i=0}^{\infty} c_i^2$$

2.2.1 項で示した結果は三角関数 $\{\phi_i(x)\}$ が区分的になめらかな関数系に対して完全系を構成していることを意味している．より一般に，区分的に連続な関数系に対しても三角関数は完全系を構成していることが知られており，その結果，区分連続な関数に対するフーリエ級数の平均収束，およびこの等式が成り立つ．正規化された三角関数 $\{\phi_i(x)\}$ が $1/\sqrt{\pi}$ の規格化因子をもつことに注意すると，(2.16)-(2.18)，(2.20)-(2.21) の式から

$$a_0 = \sqrt{\frac{2}{\pi}}\, c_0$$

$$a_n = \frac{1}{\sqrt{\pi}}\, c_{2n} \qquad (n = 1, 2, 3, \cdots)$$

$$b_n = \frac{1}{\sqrt{\pi}}\, c_{2n-1} \qquad (n = 1, 2, 3, \cdots)$$

の関係が得られるので，次の等式に置き換えることができる．

$$\frac{1}{\pi} \int_{-\pi}^{\pi} \{f(x)\}^2\, dx = \frac{a_0^2}{2} + \sum_{n=1}^{\infty} (a_n^2 + b_n^2)$$

これを**パーセバルの等式**という．

2.2.3　フーリエ級数の積分と微分の収束性

　フーリエ級数の収束性について述べたので，ここでは，フーリエ級数の項別積分と項別微分の収束性について考える．

● 積分

　フーリエ級数が

$$f(x) = \frac{a_0}{2} + \sum_{n=1}^{\infty} a_n \cos(nx) + \sum_{n=1}^{\infty} b_n \sin(nx)$$

で与えられているとき，項別に積分を行うと

$$\int_{x_0}^{x} f(x)\, dx = \frac{a_0}{2}\bigg|_{x_0}^{x} + \sum_{n=1}^{\infty} \frac{a_n}{n} \sin(nx)\bigg|_{x_0}^{x} - \sum_{n=1}^{\infty} \frac{b_n}{n} \cos(nx)\bigg|_{x_0}^{x}$$

となる．このように，各係数に $1/n$ がかかるため，積分前より収束性がよ

くなることが分かる．一般に収束するフーリエ級数はいつでも項別に積分することが可能となる．

- ● 微分

  積分の場合とは異なり，フーリエ級数の微分については注意が必要になる．項別微分が可能であるかは 1.3.3 項で述べたように，一様収束する関数項級数の微分が満たす条件によって決まる．そのため，以下の問題において示すように，収束するフーリエ級数であっても，その微分については収束しないものがある．

問題 2.4 例題で計算した区間 $[-\pi,\pi]$ で定義される関数 $f(x) = x$ のフーリエ級数展開を用いて，不連続点を含む関数のフーリエ級数の振る舞いを確認しよう．

1. 区間 $[-\pi,\pi]$ で定義された関数 $f(x) = x$ は $x = \pi$ で不連続である．この不連続点でのフーリエ級数の値を求め，フーリエ級数が不連続点 $x = \pi$ において $[f(\pi - 0) + f(\pi + 0)]/2$ の値をとることを確認せよ．なお，$[-\pi,\pi]$ で定義されたフーリエ級数展開は周期 2π の周期関数であり $x = \pi + 0$ と $x = -\pi + 0$ において同じ関数値を与える．

2. フーリエ級数を微分し，項別微分が可能かどうか調べよ．

2.3 様々なフーリエ級数

2.3.1 偶関数と奇関数のフーリエ級数

関数 $f(x)$ が任意の x に対して

$$f(x) = f(-x)$$

を満たすとき，$f(x)$ を偶関数という．また，関数 $f(x)$ が任意の x に対して

$$f(x) = -f(-x)$$

を満たすとき，$f(x)$ を奇関数という．$\cos(nx)$ は偶関数であり，$\sin(nx)$ は奇関数である．また，偶関数と奇関数の積は奇関数になる．したがって，偶関数 $f_{\text{even}}(x)$ と $\sin(nx)$ の積や，奇関数 $f_{\text{odd}}(x)$ と $\cos(nx)$ の積は奇関数になる．奇関数 $g(x)$ を区間 $[-\pi,\pi]$ で積分すると

$$
\begin{aligned}
\int_{-\pi}^{\pi} g(x) \, dx &= \int_{0}^{\pi} (g(x) + g(-x)) \, dx \\
&= \int_{0}^{\pi} (g(x) - g(x)) \, dx \\
&= 0
\end{aligned}
$$

となる．このことは，偶関数 $f_{\text{even}}(x)$ をフーリエ級数展開すると $b_n = \frac{1}{\pi} \int_{-\pi}^{\pi} f_{\text{even}}(x) \sin nx \, dx$ に現れる被積分関数が奇関数になることから，すべての sin 関数の係数 b_n が 0 になることを意味している．したがって偶関数 $f_{\text{even}}(x)$ は

$$
f_{\text{even}}(x) = \frac{a_0}{2} + \sum_{n=1}^{\infty} a_n \cos(nx)
$$

で表されることになる．同様に，奇関数 $f_{\text{odd}}(x)$ をフーリエ級数展開すると $a_n = \frac{1}{\pi} \int_{-\pi}^{\pi} f_{\text{odd}}(x) \cos nx \, dx$ であるから，a_0 を含めてすべての cos 関数の係数 a_n が 0 になり

$$
f_{\text{odd}}(x) = \sum_{n=1}^{\infty} b_n \sin(nx)
$$

となる．このように展開する $f(x)$ の偶奇性が分かっていれば，展開係数を求める計算の半分を省略できる．

　また，一般にすべての関数 $f(x)$ は以下のように偶関数部分 $f_{\text{even}}(x)$ と奇関数部分 $f_{\text{odd}}(x)$ に分解することができる．

$$
\begin{aligned}
f(x) &= f_{\text{even}}(x) + f_{\text{odd}}(x) \\
f_{\text{even}}(x) &= \frac{1}{2}\{f(x) + f(-x)\} \\
f_{\text{odd}}(x) &= \frac{1}{2}\{f(x) - f(-x)\}
\end{aligned}
$$

これは，フーリエ級数を a_n の項と b_n の項に分けることと等しい．

2.3.2 複素フーリエ級数展開

　これまではフーリエ級数展開の基底関数として三角関数 $(\cos x, \sin x)$ を用いたが，この三角関数の代わりに同じような完全直交関数系を構成する複素関数

e^{inx} を用いることもできる．複素関数 e^{inx} の正規直交性は

$$\phi_n(x) = \frac{1}{\sqrt{2\pi}}\, e^{inx} \qquad (n = 0, \pm 1, \pm 2, \pm 3, \cdots)$$

と定義することで，式 (2.12) を複素関数に拡張した正規直交関係

$$\int_{-\pi}^{\pi} \phi_n^*(x)\phi_m(x)dx = \frac{1}{2\pi}\int_{-\pi}^{\pi} e^{i(m-n)x}dx = \delta_{nm}$$

$$\delta_{nm} = \begin{cases} 1 & (n = m) \\ 0 & (n \neq m) \end{cases}$$

が満たされることから確認できる．複素関数 e^{inx} を用いて $f(x)$ を

$$f(x) = \sum_{n=-\infty}^{\infty} h_n e^{inx} \tag{2.31}$$

のように展開したときの展開係数 h_n は，$f(x)$ を正規直交関数 $\phi_n(x)$ で展開する際の展開係数の決定式 (2.14) を複素関数に拡張したもの

$$f(x) = \sum_{n=-\infty}^{\infty} c_n \phi_n(x) \tag{2.32}$$

$$c_n = \int_{-\pi}^{\pi} f(x)\phi_n^*(x)dx$$

$$= \frac{1}{\sqrt{2\pi}}\int_{-\pi}^{\pi} f(x)e^{-inx}dx$$

から決まる．正規化された基底関数 $\phi_n(x)$ は e^{inx} に規格化因子 $\frac{1}{\sqrt{2\pi}}$ がかかっていることに注意すると，式 (2.31)，式 (2.32) を比較して

$$h_n = \frac{1}{\sqrt{2\pi}}\, c_n$$

$$= \frac{1}{2\pi}\int_{-\pi}^{\pi} f(x)e^{-inx}dx \tag{2.33}$$

が得られる．この展開係数 h_n を**複素フーリエ係数**という．

e^{inx} はオイラーの公式により

$$e^{inx} = \cos nx + i\sin nx$$

と表されるため，複素関数 e^{inx} を用いた場合の展開係数 h_n と三角関数 $(\cos x, \sin x)$ を用いた場合の展開係数 a_n, b_n の間には関係がある．実際に

$$\cos nx = \frac{1}{2}(e^{inx} + e^{-inx}) \qquad \sin nx = \frac{1}{2i}(e^{inx} - e^{-inx})$$

の関係式をフーリエ級数 (2.1) に代入することで

$$
\begin{aligned}
f(x) &= \frac{a_0}{2} + \sum_{n=1}^{\infty} a_n \cos nx + \sum_{n=1}^{\infty} b_n \sin nx \\
&= \frac{a_0}{2} + \sum_{n=1}^{\infty} \frac{a_n}{2}(e^{inx} + e^{-inx}) + \sum_{n=1}^{\infty} \frac{b_n}{2i}(e^{inx} - e^{-inx}) \\
&= \frac{a_0}{2} + \sum_{n=1}^{\infty} (\frac{a_n}{2} + \frac{b_n}{2i})e^{inx} + \sum_{n=1}^{\infty} (\frac{a_n}{2} - \frac{b_n}{2i})e^{-inx}
\end{aligned}
$$

が得られるが，

$$h_0 = \frac{1}{2}a_0 \tag{2.34}$$

$$h_n = \frac{1}{2}(a_n - ib_n) \tag{2.35}$$

$$h_{-n} = \frac{1}{2}(a_n + ib_n) \tag{2.36}$$

とおくと式 (2.31) と同じように

$$f(x) = \sum_{n=-\infty}^{\infty} h_n e^{inx}$$

と書くことができる．式 (2.20)，式 (2.21) より

$$
\begin{aligned}
a_n &= \frac{1}{\pi} \int_{-\pi}^{\pi} f(x) \cos nx \; dx \qquad (n = 0, 1, 2, 3, \cdots) \\
b_n &= \frac{1}{\pi} \int_{-\pi}^{\pi} f(x) \sin nx \; dx \qquad (n = 1, 2, 3, 4, \cdots)
\end{aligned}
$$

であることに注意すると，この h_n は式 (2.33) で求めたものと等しいことが分かる．また，式 (2.34)-(2.36) より，$f(x)$ が奇関数であれば，$f(x)$ が実数であっても複素フーリエ係数 h_n は純虚数になることが分かる．

2.3.3 周期 L の周期関数のフーリエ級数展開

これまで区間 $[-\pi,\pi]$ で定義された関数 (周期 2π の関数) のフーリエ級数展開を考えてきたが，ここでは区間 $[-L/2,L/2]$ で定義された周期 L の関数のフーリエ級数展開を考える．

いま，$f(x)$ が区間 $[-L/2,L/2]$ で定義されている場合，$t = \frac{2\pi}{L}x$ という変数を新たに考え，$f(x)$ を変数 t を用いて

$$g(t) = f(x) \qquad (t = \frac{2\pi}{L}x)$$

と表せば $g(t)$ は t について区間 $[-\pi,\pi]$ で定義された関数になる．したがって，この $g(t)$ について前述のフーリエ級数展開を行い，最後に t を $\frac{2\pi}{L}x$ で形式的に置き換えれば，区間 $[-L/2,L/2]$ で定義された関数 $f(x)$ のフーリエ級数展開が得られる．

まず $g(t)$ のフーリエ級数展開を行ってみる．$g(t)$ は区間 $[-\pi,\pi]$ の関数なので式 (2.1) の展開が可能である．そこで式 (2.1) の両辺の x を t に置き換えれば

$$g(t) = \frac{a_0}{2} + \sum_{n=1}^{\infty} a_n \cos(nt) + \sum_{n=1}^{\infty} b_n \sin(nt)$$

が得られる．展開係数 a_n，b_n は式 (2.20)，式 (2.21) より得られるが，今の場合 $g(t)$ についての展開なので，式 (2.20)，式 (2.21) についても x を t に置き換えると

$$a_n = \frac{1}{\pi} \int_{-\pi}^{\pi} g(t) \cos nt \, dt \qquad (n = 0, 1, 2, 3, \cdots)$$

$$b_n = \frac{1}{\pi} \int_{-\pi}^{\pi} g(t) \sin nt \, dt \qquad (n = 1, 2, 3, 4, \cdots)$$

が得られる．これで関数 $g(t)$ のフーリエ級数展開が得られたので，最後に変数を t から $\frac{2\pi}{L}x$ に，そして $g(t)$ を $f(x)$ に置き換えると，$dt = \frac{2\pi}{L}dx$ に注意して

$$f(x) = \frac{a_0}{2} + \sum_{n=1}^{\infty} a_n \cos(\frac{2\pi nx}{L}) + \sum_{n=1}^{\infty} b_n \sin(\frac{2\pi nx}{L}) \tag{2.37}$$

$$a_n = \frac{2}{L} \int_{-L/2}^{L/2} f(x) \cos\left(\frac{2\pi nx}{L}\right) dx \qquad (n = 0, 1, 2, 3, \cdots) \tag{2.38}$$

$$b_n = \frac{2}{L} \int_{-L/2}^{L/2} f(x) \sin\left(\frac{2\pi n x}{L}\right) \, dx \qquad (n = 1, 2, 3, 4, \cdots) \qquad (2.39)$$

を得る．これが周期 L の関数 $f(x)$ をフーリエ級数展開したときの表式になる．

この表式は区間 $[-L/2, L/2]$ での正規直交関数

$$\phi_0(x) = \frac{1}{\sqrt{L}} \qquad (2.40)$$

$$\phi_{2n-1}(x) = \sqrt{\frac{2}{L}} \sin\left(\frac{2\pi n x}{L}\right) \qquad (n = 1, 2, 3, \cdots) \qquad (2.41)$$

$$\phi_{2n}(x) = \sqrt{\frac{2}{L}} \cos\left(\frac{2\pi n x}{L}\right) \qquad (n = 1, 2, 3, \cdots) \qquad (2.42)$$

を用いて関数 $f(x)$ を展開する場合の級数展開式 (2.13) とその係数を決める式 (2.14) から直接得ることもできる．

問題 2.5　関数 $f(x)$ を正規直交関数を用いて展開する場合の展開式 (2.13) とその係数 (2.14) を区間 $[-L/2, L/2]$ における正規直交関数 (2.40)-(2.42) を用いて具体的に書き下し，式 (2.37)-(2.39) を導け．

2.4　非周期関数のフーリエ級数展開とフーリエ変換

前節では区間 $[-L/2, L/2]$ で定義された関数のフーリエ級数展開を考えたが，区間の長さ L を十分長くすれば実質的に非周期関数を展開することができる．そこで，区間の長さ L を大きくする極限でフーリエ級数展開がどのように表現されるか考えてみよう．

区間 $[-L/2, L/2]$ の関数を展開する場合の展開式 (2.37) において $k_n = 2\pi n/L$ で定義される波数 k_n を用いると式 (2.37) は

$$f(x) = \frac{a_0}{2} + \sum_{n=1}^{\infty} a_n \cos(k_n x) + \sum_{n=1}^{\infty} b_n \sin(k_n x) \qquad (2.43)$$

と表すことができる．この式に現れる n についての和は波数 k について間隔 $2\pi/L$ で和をとることに対応するが，区間の長さ L を長くすると，波数 k_n の間隔 $\Delta k = k_{n+1} - k_n = 2\pi/L$ は小さくなり，$L \to \infty$ の極限で $\Delta k = 0$ となり

k_n は連続変数になると考えることができる．そこで，この波数 k_n についての和を積分に置き換えることを考える．

波数 k_n での和をある関数 G に対して行うことは，k_n の間隔 Δ_k とその逆数 $L/2\pi$ をかけた G について k_n で和を取ることと形式的に同じなので

$$\sum_{k_n} G(k_n) = \frac{L}{2\pi} \sum_{k_n} G(k_n)\Delta k \qquad (\Delta k = \frac{2\pi}{L})$$

と表すことができる．ここで，$G(k_n)\Delta k$ は高さ $G(k_n)$，幅 Δk の短冊の面積になっていることを考慮すると $\Delta k \to 0$ の極限で上式右辺の和は次式右辺の積分

$$\frac{L}{2\pi} \sum_{k_n} G(k_n)\Delta k = \frac{L}{2\pi} \int G(k)\,dk \qquad (L \to \infty)$$

に等しくなる．このときの k 積分の範囲について考えると，式 (2.43) の a_0 の項が $\frac{1}{2}$ の係数をもっていることと，積分範囲を $[0:\infty]$ としたときに $k_n = 0$ を中心とする幅 Δk の短冊が k の負の領域に半分はみ出ていてその部分が積分範囲から外れることとがうまく対応していて，積分範囲 $[0:\infty]$ の積分を行うことで a_0 の項も正しく考慮されることが分かる．

b_n の和についても，b_0 の値を式 (2.39) より計算しても恒等的に 0 になっているため，形式的に $b_0/2$ を加えても問題がない．そのため b_n の和についても積分範囲 $[0:\infty]$ の積分に置き換えることができる．

a_n, b_n については添字の n を k_n に置き換え，さらに k_n を連続変数 k に置き換えて，a_n, b_n を k の関数 $a(k)$ と $b(k)$ で表す．このようにして式 (2.43) を

$$f(x) = \frac{L}{2\pi} \int_0^\infty a(k)\cos(kx)\,dk + \frac{L}{2\pi} \int_0^\infty b(k)\sin(kx)\,dk$$
$$(L \to \infty)$$

のように表すことができる．$a(k)$, $b(k)$ は式 (2.38)，式 (2.39)

$$a_n = \frac{2}{L} \int_{-L/2}^{L/2} f(x)\cos\left(\frac{2\pi nx}{L}\right)dx \qquad (n = 0, 1, 2, 3, \cdots)$$

$$b_n = \frac{2}{L} \int_{-L/2}^{L/2} f(x)\sin\left(\frac{2\pi nx}{L}\right)dx \qquad (n = 0, 1, 2, 3, \cdots)$$

において $2\pi n/L$ を k_n に置き換えて k_n を k とおくことで

$$a(k) = \frac{2}{L} \int_{-L/2}^{L/2} f(x) \cos kx \; dx \qquad (L \to \infty)$$

$$b(k) = \frac{2}{L} \int_{-L/2}^{L/2} f(x) \sin kx \; dx \qquad (L \to \infty)$$

より決まることになる．最後に

$$A(k) = a(k)L/2, \qquad B(k) = b(k)L/2$$

の置き換えをすると [4)]

$$f(x) = \frac{1}{\pi} \int_0^\infty A(k) \cos(kx) \; dk + \frac{1}{\pi} \int_0^\infty B(k) \sin(kx) \; dk \qquad (2.44)$$

$$A(k) = \int_{-\infty}^\infty f(x) \cos kx \; dx \qquad (2.45)$$

$$B(k) = \int_{-\infty}^\infty f(x) \sin kx \; dx \qquad (2.46)$$

が得られる．これを関数 $f(x)$ の**フーリエ積分表示**という．

2.5　フーリエ変換

　前節で得られたフーリエ積分表示 (2.44)-(2.46) を複素関数 e^{ikx} を用いて表現し直してみる．

$e^{ikx} = \cos kx + i \sin kx$ より e^{ikx} を使って表した三角関数

$$\cos kx = \frac{1}{2}(e^{ikx} + e^{-ikx})$$

$$\sin kx = \frac{1}{2i}(e^{ikx} - e^{-ikx})$$

を式 (2.44) に代入すると

---

4) $a(k)$, $b(k)$ は $1/L$ に比例するため，$A(k)$, $B(k)$ は L を無限大にしたとき有限の値になる．

$$f(x) = \frac{1}{\pi} \int_0^\infty A(k) \frac{1}{2} (e^{ikx} + e^{-ikx}) \, dk$$
$$+ \frac{1}{\pi} \int_0^\infty B(k) \frac{1}{2i} (e^{ikx} - e^{-ikx}) \, dk$$
$$= \frac{1}{2\pi} \int_0^\infty (A(k) - iB(k)) e^{ikx} \, dk$$
$$+ \frac{1}{2\pi} \int_0^\infty (A(k) + iB(k)) e^{-ikx} \, dk$$

が得られる. $A(k)$, $B(k)$ については式 (2.45), 式 (2.46) より次の関係

$$A(k) - iB(k) = \int_{-\infty}^\infty f(x)(\cos kx - i \sin kx) \, dx$$
$$= \int_{-\infty}^\infty f(x) e^{-ikx} \, dx$$
$$= F(k)$$
$$A(k) + iB(k) = \int_{-\infty}^\infty f(x)(\cos kx + i \sin kx) \, dx$$
$$= \int_{-\infty}^\infty f(x) e^{ikx} \, dx$$
$$= F(-k)$$

が成り立つので, $F(k)$ を用いることで

$$f(x) = \frac{1}{2\pi} \int_0^\infty F(k) e^{ikx} \, dk + \frac{1}{2\pi} \int_0^\infty F(-k) e^{-ikx} \, dk$$
$$= \frac{1}{2\pi} \int_{-\infty}^\infty F(k) e^{ikx} \, dk$$

のように表すことができる. したがって,

$$F(k) = \int_{-\infty}^\infty f(x) e^{-ikx} \, dx \tag{2.47}$$

$$f(x) = \frac{1}{2\pi} \int_{-\infty}^\infty F(k) e^{ikx} \, dk \tag{2.48}$$

という式を得ることができる. 前者 (2.47) を $f(x)$ の**フーリエ変換**, 後者 (2.48) を $F(k)$ の**フーリエ逆変換**という.

2.6 フーリエ変換の完全性

$f(x)$ のフーリエ変換 (2.47) で得られる $F(k)$ が式 (2.48) のフーリエ逆変換によって $f(x)$ に戻ることを確認しよう．まず，式 (2.47) の左辺の $F(k)$ を式 (2.48) の右辺に代入すると

$$
\begin{aligned}
f(x) &= \frac{1}{2\pi} \int_{-\infty}^{\infty} \left(\int_{-\infty}^{\infty} f(x') e^{-ikx'} \, dx' \right) e^{ikx} \, dk \\
&= \frac{1}{2\pi} \int_{-\infty}^{\infty} \int_{-\infty}^{\infty} f(x') \, e^{ik(x-x')} \, dx' \, dk \\
&= \int_{-\infty}^{\infty} f(x') \left(\frac{1}{2\pi} \int_{-\infty}^{\infty} e^{ik(x-x')} \, dk \right) \, dx'
\end{aligned}
$$

という式が得られる．ここで最後の式の括弧の中の積分を行うと

$$
\begin{aligned}
\frac{1}{2\pi} \int_{-\infty}^{\infty} e^{ik(x-x')} \, dk &= \lim_{N \to \infty} \frac{1}{2\pi} \int_{-N}^{N} e^{ik(x-x')} \, dk \\
&= \lim_{N \to \infty} \frac{1}{2\pi i} \left[\frac{e^{ik(x-x')}}{x-x'} \right]_{k=-N}^{k=N} \\
&= \lim_{N \to \infty} \frac{1}{2\pi i} \frac{e^{iN(x-x')} - e^{-iN(x-x')}}{x-x'} \\
&= \frac{1}{\pi} \lim_{N \to \infty} \frac{\sin\{N(x-x')\}}{x-x'}
\end{aligned}
$$

となる．この結果と式 (2.26) の右辺を比べると，分母が $2\pi \sin\{(x-x')/2\}$ から $\pi(x-x')$ に置き換わっているだけであることが分かる．2.2 節で述べたように，この関数を含む積分は，分子の $\sin$ 関数が $N \to \infty$ で激しく振動することから，$f(x)$ の微分が有限である限り $x = x'$ の近傍以外では任意の有限区間で 0 になる．したがって積分値に寄与するのは $x = x'$ の近傍のみであり，この範囲においては，式 (2.26) で $2\pi \sin\{(x-x')/2\} \sim \pi(x-x')$ と置き換えた式と等価になっている．

したがって，

$$
\frac{1}{2\pi} \int_{-\infty}^{\infty} e^{ik(x-x')} \, dk = \delta(x-x')
$$

と表すと,

$$\int_{-\infty}^{\infty} f(x')\delta(x-x') \, dx' = f(x)$$

を満たすことが分かる. よって,

$$\begin{aligned}
f(x) &= \frac{1}{2\pi} \int_{-\infty}^{\infty} F(k)e^{ikx} \, dk \\
&= \frac{1}{2\pi} \int_{-\infty}^{\infty} \int_{-\infty}^{\infty} f(x') \, e^{ik(x-x')} \, dx'dk \\
&= \int_{-\infty}^{\infty} f(x')\delta(x-x') \, dx' \\
&= f(x)
\end{aligned}$$

が確認できる. ただし, フーリエ級数展開のときと同様に, 関数 $f(x)$ がある点 $x = x_1$ で不連続になっている場合, フーリエ逆変換により得られる $f(x)$ の $x = x_1$ での値は, フーリエ変換前の両端の極限値の平均 $\frac{1}{2}[f(x_1-0)+f(x_1+0)]$ になる.

2.7 ガウス関数のフーリエ変換

フーリエ変換の一例として, ガウス関数 $\exp(-ax^2)$ のフーリエ変換

$$\int_{-\infty}^{\infty} e^{-ax^2} e^{-ikx} \, dx$$

を考える. 指数部分 $-ax^2 - ikx$ の平方完成を行うと

$$-ax^2 - ikx = -a\left(x + \frac{ik}{2a}\right)^2 - \frac{k^2}{4a}$$

より

$$\int_{-\infty}^{\infty} e^{-ikx}e^{-ax^2} \, dx = e^{-\frac{1}{4a}k^2} \int_{-\infty}^{\infty} e^{-a\left(x+\frac{ik}{2a}\right)^2} \, dx \tag{2.49}$$

を得る.

x についての積分は複素関数 e^{-az^2} を $z = x + \frac{ik}{2a}$ の経路 (図 2.3 の C_1) で積

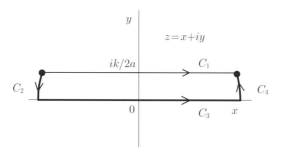

図 2.3 ガウス積分の積分路

分するものであるが，実軸との間に極がないことと，$|z| \to \infty$ で被積分関数が 0 になり C_2, C_4 からの寄与がなくなることのために，積分路を実軸 $z = x$ に置き換えても同じ値を与える．したがって，

$$
\begin{aligned}
\int_{-\infty}^{\infty} & e^{-a(x+\frac{ik}{2a})^2} \, dx \\
&= \int_{-\infty}^{\infty} e^{-ax^2} \, dx \\
&= \left\{ \left(\int_{-\infty}^{\infty} e^{-ax^2} \, dx \right) \left(\int_{-\infty}^{\infty} e^{-ay^2} \, dy \right) \right\}^{1/2} \\
&= \left\{ \int_{-\infty}^{\infty} \int_{-\infty}^{\infty} e^{-a(x^2+y^2)} \, dx \, dy \right\}^{1/2} \\
&= \left\{ \int_{0}^{\infty} \int_{0}^{2\pi} d\theta \ e^{-ar^2} \, r \, dr \right\}^{1/2} \\
&= \left\{ 2\pi \left[-\frac{1}{2a} e^{-ar^2} \right]_{0}^{\infty} \right\}^{1/2} \\
&= \sqrt{\frac{\pi}{a}}
\end{aligned}
\tag{2.50}
$$

となり，この結果を式 (2.49) に代入して

$$
\int_{-\infty}^{\infty} e^{-ikx} e^{-ax^2} \, dx = \sqrt{\frac{\pi}{a}} \ e^{-\frac{1}{4a}k^2}
$$

を得る．以上より，ガウス関数のフーリエ変換も，ガウス関数になることが分

かる．

ここで，フーリエ変換により繋がる 2 つのガウス関数

$$f(x) = e^{-ax^2} \tag{2.51}$$

$$F(k) = \sqrt{\frac{\pi}{a}}\, e^{-\frac{1}{4a}k^2} \tag{2.52}$$

の広がり（標準偏差）を比較すると

$$
\begin{aligned}
\int_{-\infty}^{\infty} x^2 e^{-ax^2}\, dx &= \int_{-\infty}^{\infty} \left(-\frac{d}{da} e^{-ax^2}\right)\, dx \\
&= \left(-\frac{d}{da}\right) \int_{-\infty}^{\infty} e^{-ax^2}\, dx \\
&= -\frac{d}{da}\sqrt{\frac{\pi}{a}} \\
&= \sqrt{\frac{\pi}{a}}\frac{1}{2a}
\end{aligned}
$$

より，$f(x)$ の標準偏差が

$$\sigma_x = \sqrt{\frac{\int_{-\infty}^{\infty} x^2 e^{-ax^2}\, dx}{\int_{-\infty}^{\infty} e^{-ax^2}\, dx}} = \frac{1}{\sqrt{2a}} \tag{2.53}$$

であるのに対して，$f(x)$ のフーリエ変換 $F(k)$ の標準偏差は

$$\sigma_k = \sqrt{\frac{\int_{-\infty}^{\infty} k^2 F(k)\, dk}{\int_{-\infty}^{\infty} F(k)\, dk}} = \sqrt{\frac{\int_{-\infty}^{\infty} k^2 e^{-k^2/4a}\, dk}{\int_{-\infty}^{\infty} e^{-k^2/4a}\, dk}} = \sqrt{2a} \tag{2.54}$$

になっていることが分かる．このことは

$$
\begin{aligned}
\sigma_x \sigma_k &= \sqrt{\overline{x^2}}\sqrt{\overline{k^2}} \\
&= 1
\end{aligned} \tag{2.55}
$$

が，a の値によらずに成り立っていることを示している．

2.8　フーリエ変換と不確定性原理

　ガウス関数のフーリエ変換を利用して，量子力学における不確定性原理を確認することができる．物質を構成する電子のようなミクロな粒子の状態を量子力学に基づいて考える場合，その状態は波動関数によって表現される．ここで，k_0 を中心とする標準偏差 σ_k の範囲の波数の平面波を重ね合わせた 1 次元の波動関数[5]

$$\psi(x) = \int_{-\infty}^{\infty} g(k)e^{ikx}dk$$

$$g(k) = A\exp\left(-\frac{(k-k_0)^2}{2\sigma_k^2}\right)$$

を考えて，この波動関数で表現される粒子の運動量と位置の不確定さを計算してみよう．波数 k の平面波 e^{ikx} で表される状態は運動量 $p = -i\hbar\frac{\partial}{\partial x}$ の固有状態であり，その固有値は $\hbar k$ である．したがって，重ね合わせる波数の分布の中心が k_0 である波動関数 $\psi(x)$ で表される粒子の運動量の期待値 $\langle p \rangle$ は $\hbar k_0$ になる．この期待値の計算を数式で表現すると

$$\langle p \rangle = \int_{-\infty}^{\infty} \psi^*(x)\ p\ \psi(x)dx$$

$$= \int_{-\infty}^{\infty} \psi^*(x)\left(-i\hbar\frac{\partial}{\partial x}\right)\psi(x)dx$$

$$= \int_{-\infty}^{\infty}\left\{\int_{-\infty}^{\infty} g(k')e^{-ik'x}dk'\right\}\left\{\int_{-\infty}^{\infty} \hbar k g(k)e^{ikx}dk\right\}dx$$

$$= \int_{-\infty}^{\infty}\int_{-\infty}^{\infty} \hbar k g(k')g(k)\left(\int_{-\infty}^{\infty} e^{i(k-k')x}dx\right)dk'dk$$

$$= \int_{-\infty}^{\infty}\int_{-\infty}^{\infty} \hbar k g(k')g(k)2\pi\delta(k-k')dk'dk$$

$$= 2\pi\int_{-\infty}^{\infty} \hbar k g^2(k)dk$$

---

[5] 平面波の重ね合わせにより得られる波のかたまりを波束と呼ぶ．A は規格化因子であり，規格化条件 $\int|\psi(x)|^2dx = 1$ より $A = (2\sigma_k\pi^{3/2})^{-1/2}$ となる．

$$= 2\pi \int_{-\infty}^{\infty} \hbar\{k_0 + (k - k_0)\} \frac{1}{2\pi\sigma_k\sqrt{\pi}} \exp\left(-\frac{(k - k_0)^2}{\sigma_k^2}\right) dk$$

$$= \hbar k_0 \frac{1}{\sigma_k\sqrt{\pi}} \sigma_k\sqrt{\pi}$$

$$= \hbar k_0$$

のようになる．このとき，平面波 e^{ikx} を $g(k)$ の重みで重ね合わせた $\psi(x)$ 自身の波数分布の標準偏差は σ_k になっていることが式 (2.52) の a を $\sigma_k^2/2$ に置き換えることで得られる式 (2.54) から確認できる．この波動関数を用いて，今度は粒子の運動量の標準偏差 (不確定さ) $\Delta p = \sqrt{\langle(p - \langle p\rangle)^2\rangle}$ の 2 乗を求めると

$$(\Delta p)^2 = \int_{-\infty}^{\infty} \psi^*(x)(p - \langle p\rangle)^2 \psi(x) dx$$

$$= \int_{-\infty}^{\infty} \psi^*(x) \left(-i\hbar\frac{\partial}{\partial x} - \hbar k_0\right)^2 \psi(x) dx$$

$$= \int_{-\infty}^{\infty} \left\{\int_{-\infty}^{\infty} g(k')e^{-ik'x}dk'\right\} \left\{\int_{-\infty}^{\infty} \hbar^2(k - k_0)^2 g(k)e^{ikx}dk\right\} dx$$

$$= \hbar^2 \int_{-\infty}^{\infty} \int_{-\infty}^{\infty} (k - k_0)^2 g(k')g(k) \left(\int_{-\infty}^{\infty} e^{i(k-k')x}dx\right) dk'dk$$

$$= \hbar^2 \int_{-\infty}^{\infty} \int_{-\infty}^{\infty} (k - k_0)^2 g(k')g(k)2\pi\delta(k - k')dk'dk$$

$$= 2\pi\hbar^2 \int_{-\infty}^{\infty} (k - k_0)^2 g^2(k)dk$$

$$= 2\pi\hbar^2 \int_{-\infty}^{\infty} (k - k_0)^2 \frac{1}{2\pi\sigma_k\sqrt{\pi}} \exp\left(-\frac{(k - k_0)^2}{\sigma_k^2}\right) dk$$

$$= \hbar^2 \frac{1}{\sigma_k\sqrt{\pi}} \frac{\sigma_k^3\sqrt{\pi}}{2}$$

$$= \hbar^2 \frac{\sigma_k^2}{2}$$

となる．したがって $\Delta p = \hbar\sigma_k/\sqrt{2}$ になる．一方，波動関数の絶対値の 2 乗である $|\psi(x)|^2$ は，粒子の存在確率を表すため，この確率分布から粒子の x 座標の標準偏差 (不確定さ) $\Delta x = \sqrt{\langle(x - \langle x\rangle)^2\rangle}$ を得ることができる．$\psi(x)$ はガウス関数のフーリエ変換の形になっているので，波数の積分を実行することで

以下のようになる.

$$\psi(x) = \sqrt{\frac{\sigma_k}{\pi^{1/2}}} e^{-\sigma_k^2 x^2/2} e^{ik_0 x}$$

その結果,粒子の存在確率は

$$|\psi(x)|^2 = \psi^*(x)\psi(x) = \frac{\sigma_k}{\pi^{1/2}} e^{-\sigma_k^2 x^2}$$

のようになり原点を中心とするガウス関数で表現されることが分かる.このガウス関数の標準偏差 Δx は式 (2.51) の a を σ_k^2 に置き換えて得られる式 (2.53) から求めることができて $\Delta x = 1/(\sqrt{2}\sigma_k)$ になっている.したがって,ガウス関数の標準偏差 σ_x とそのフーリエ変換の標準偏差 σ_k の関係 $\sigma_x \sigma_k = 1$ を反映するように,波動関数 $\psi(x)$ で表される粒子の位置の不確定さ Δx と運動量の不確定さ Δp の間にも次の関係式

$$\Delta x \cdot \Delta p = \frac{1}{\sqrt{2}\sigma_k} \cdot \hbar \frac{\sigma_k}{\sqrt{2}} = \frac{\hbar}{2}$$

が任意の σ_k に対して成り立っている.これが,不確定性原理を表す関係式であり,波動関数を構成する e^{ikx} のような基底関数の中に対の形で現れる共役な物理量 (k, x) を同時に確定させて $\Delta x = \Delta p = 0$ を実現させることは原理的にできないことを示している.このことは,ガウス関数とそのフーリエ変換をグラフで示した次の図 2.4 と図 2.5 から確認することもできる.

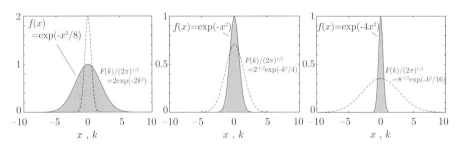

図 2.4 ガウス関数のフーリエ変換.影をつけた関数が実空間でのガウス関数,破線で示した関数が,フーリエ変換によって得られる波数空間でのガウス関数を表している.実空間でのガウス関数の広がりと波数空間でのガウス関数の広がりが反比例している.

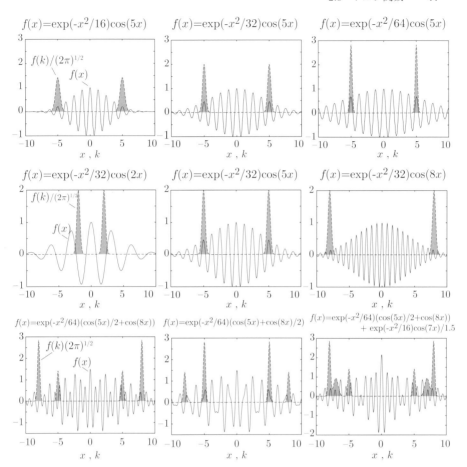

図 2.5　ガウス関数に三角関数をかけた関数 $f(x)$ のフーリエ変換．実線が実空間での $f(x)$ で，原点 から離れると振動しながら減衰する．影を付けた破線が $f(x)$ のフーリエ変換で，$f(x)$ に含まれている三角関数の波数に対応するピークが現れる．このピークの幅は，$f(x)$ に含まれるガウス関数の分散の逆数に比例している．

2.9　デルタ関数

2.9.1　デルタ関数の性質

2.2 節，2.6 節で示したように，デルタ関数 $\delta(x)$ は正規直交関数 $\{\phi_i(x)\}$ が完全であることに対応する条件

$$\sum_i \phi_i^*(x)\phi_i(x') = \delta(x - x')$$

として現れる．ここで i についての和はすべての $\phi_i(x)$ を取り込むようにとる必要があるが，その結果得られるデルタ関数 $\delta(x)$ は次の 2 つの特徴をもつ．

$$1. \quad \delta(x - x') = \begin{cases} \infty & (x = x') \\ 0 & (x \neq x') \end{cases}$$

$$2. \quad \int_{-\infty}^{\infty} f(x')\delta(x - x') \, dx' = f(x)$$

このデルタ関数の性質から以下の結果を導くことができる．

- $f(x) = 1$ とおいて

$$\int_{-\infty}^{\infty} \delta(x - x') \, dx' = 1$$

- $\delta'(x - x') = \frac{d}{dx}\delta(x - x')$ に対して部分積分を行うことで

$$\int_{-\infty}^{\infty} f(x')\delta'(x - x') \, dx'$$

$$= [f(x')\delta(x - x')]_{x'=-\infty}^{x'=\infty} - \int_{-\infty}^{\infty} f'(x')\delta(x - x') \, dx'$$

$$= -f'(x) \qquad \left[f'(x) = \frac{d}{dx}f(x) \right]$$

- $t = |a|x$ とおいて

$$\int_{-\infty}^{\infty} f(x')\delta\{a(x - x')\} \, dx'$$

$$= \frac{1}{|a|} \int_{-\infty}^{\infty} f(x')\delta\{|a|(x - x')\} \, |a|dx'$$

$$\qquad\qquad\qquad [\delta(x) \text{ の特徴 } 1. \text{ より } \delta(x) = \delta(-x)]$$

$$= \frac{1}{|a|} \int_{-\infty}^{\infty} f(t'/|a|)\delta(t - t') \, dt'$$

$$= \frac{1}{|a|} f(t/|a|)$$

$$= \frac{1}{|a|} f(x)$$

- 階段関数 $\theta(x)$

$$\theta(x) = \int_{-\infty}^{x} \delta(t) dt$$

$$= \begin{cases} 0 & (x < 0) \\ 1 & (x > 0) \end{cases}$$

の両辺を微分することにより

$$\frac{d}{dx} \theta(x) = \delta(x)$$

デルタ関数 $\delta(x)$ は $x = 0$ での値が定義されず，連続関数を乗じた積分によってのみ値が確定する．そのため通常の関数と区別して**超関数**と呼ばれる．

2.9.2 デルタ関数の表現

デルタ関数 $\delta(x - x')$ の表現は

$$\frac{1}{2\pi} \int_{-\infty}^{\infty} e^{ik(x-x')} \, dk, \quad \frac{1}{\pi} \lim_{N \to \infty} \frac{\sin\{N(x-x')\}}{x-x'} \tag{2.56}$$

$$\frac{d}{dx} \theta(x - x'), \quad \lim_{a \to 0} \frac{1}{\sqrt{\pi}a} \exp\left(-\frac{(x-x')^2}{a^2}\right) \tag{2.57}$$

$$\lim_{\epsilon \to 0} \frac{\epsilon}{\pi\{(x-x')^2 + \epsilon^2\}}, \quad \lim_{\beta \to \infty} -\frac{\partial}{\partial x} \frac{1}{\exp\{\beta(x-x')\} + 1} \tag{2.58}$$

など様々なものがある．

以下では，デルタ関数 $\delta(x)$ のいくつかの表現とその特徴をグラフで確認する．グラフを見やすくするため，縦軸の原点はグラフごとに移動させている．

- $\sin$ 関数を用いたデルタ関数の表現

$$\delta(x) = \frac{1}{\pi} \lim_{N \to \infty} \frac{\sin(Nx)}{x}$$

$N = 2, 4, 10$ と N が大きくなるにつれて，図 2.6 に示すように，振動の波長が短くなり $x = 0$ のときの値が大きくなる．

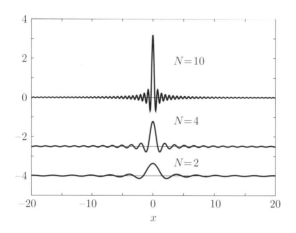

図 2.6 sin 関数を用いたデルタ関数の表現

- ガウス関数を用いたデルタ関数の表現

$$\delta(x) = \lim_{a \to 0} \frac{1}{\sqrt{\pi}a} \exp\left(-\frac{x^2}{a^2}\right)$$

a が 1, 0.4, 0.15 と小さくなると，図 2.7 に示すように，$x = 0$ のピークの幅は小さくなり，その高さは大きくなる．

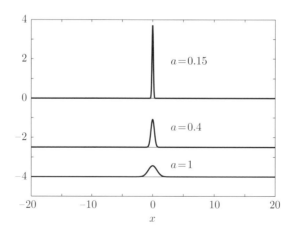

図 2.7 ガウス関数を用いたデルタ関数の表現

● ローレンツ関数を用いたデルタ関数の表現

$$\delta(x) = \lim_{\epsilon \to 0} \frac{\epsilon}{\pi(x^2 + \epsilon^2)}$$

ϵ を $\epsilon = 0.5, 0.2, 0.1$ と小さくすることで，図 2.8 に示すように，$x = 0$ の
ピークの幅が小さくなり，その高さは大きくなる．

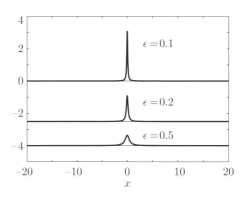

図 2.8　ローレンツ関数を用いたデルタ関数の表現

● フェルミ分布関数の微分を用いたデルタ関数の表現

$$\delta(x) = \lim_{\beta \to \infty} -\frac{\partial}{\partial x} \frac{1}{\exp(\beta x) + 1}$$

β が 4, 8, 15 と大きくなると，図 2.9 に示すように，$x = 0$ のピークの幅
は小さくなり，その高さは大きくなる．

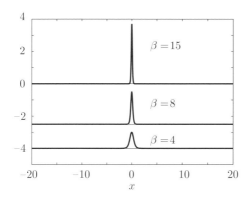

図 2.9　フェルミ分布関数の微分を用いたデルタ関数の表現

問題 2.6　デルタ関数のフーリエ積分表記

$$\frac{1}{2\pi} \int_{-\infty}^{\infty} e^{ik(x-x')} dk$$

に含まれる積分はそのままでは実行することができない．そこで，以下のような極限操作によって積分を定義する．このとき，これらの 3 つの式が，それぞれ式 (2.56)-(2.58) で示したデルタ関数の表現と同じになることを示せ．ただし，$\epsilon > 0$ とする．

1.
$$\lim_{N \to \infty} \frac{1}{2\pi} \int_{-N}^{N} e^{ik(x-x')} dk$$

2.
$$\lim_{\epsilon \to 0} \frac{1}{2\pi} \int_{-\infty}^{\infty} e^{ik(x-x') - \epsilon k^2} dk$$

3.
$$\lim_{\epsilon \to 0} \frac{1}{2\pi} \int_{-\infty}^{\infty} e^{ik(x-x') - \epsilon |k|} dk$$

2.10　微分のフーリエ変換

　ここで，微分方程式をフーリエ変換によって直接解く際に必要になる，関数 $f(x)$ の微分のフーリエ変換について考えてみよう．関数 $f(x)$ が全領域で微分可能で，$x \to \pm\infty$ で $f(x) = 0$ となる場合，$f(x)$ の微分 $df(x)/dx$ のフーリエ変換は，部分積分を行うことで

$$\int_{-\infty}^{\infty} \frac{d}{dx} f(x) e^{-ikx} \, dx$$

$$= \left[f(x) e^{-ikx} \right]_{-\infty}^{\infty} - \int_{-\infty}^{\infty} f(x)(-ik) e^{-ikx} \, dx$$

$$= ik \int_{-\infty}^{\infty} f(x) e^{-ikx} \, dx$$

$$= ik F(k) \qquad \left(F(k) = \int_{-\infty}^{\infty} f(x) e^{-ikx} \, dx \right)$$

となる．高次の微分についても，それぞれの次数で導関数が $x \to \pm\infty$ で 0 になる場合

$$\int_{-\infty}^{\infty} \frac{d^n}{dx^n} f(x) e^{-ikx} \, dx = (ik)^n F(k)$$

となる．このように，関数 $f(x)$ のフーリエ変換 $F(k)$ が分かれば，$f(x)$ の微分のフーリエ変換は直ちに得られる．

2.11 畳み込み積分

最後に，ある関数 $g(x)$ が特性関数 $f(x)$ を経由して次式のように $h(x)$ に修正される場合，それらのフーリエ変換の間にどのような関係が生じるか考える．

$$h(x) = \int_{-\infty}^{\infty} f(x - x')g(x') \, dx' \tag{2.59}$$

この積分は関数 $f(x)$ と $g(x)$ の畳み込み積分と呼ばれる．この $g(x)$ から $h(x)$ への変換は，例えばある物理量 $g(x)$ が測定装置の分解能や遅延効果などを表す特性関数 $f(x)$ によって修正され，$h(x)$ として観測される場合などに現れる．

この積分により得られる関数 $h(x)$ のフーリエ変換は

$$\begin{aligned}
& \int_{-\infty}^{\infty} h(x)e^{-ikx} \, dx \\
&= \int_{-\infty}^{\infty} \int_{-\infty}^{\infty} f(x - x')g(x') \, e^{-ikx} \, dx \, dx' \\
&= \int_{-\infty}^{\infty} \int_{-\infty}^{\infty} f(x - x')e^{-ik(x-x')} \, dx \, g(x') \, e^{-ikx'} \, dx' \\
&= \int_{-\infty}^{\infty} \int_{-\infty}^{\infty} f(t)e^{-ikt} \, dt \, g(x') \, e^{-ikx'} \, dx' \quad (t = x - x') \\
&= \int_{-\infty}^{\infty} f(t)e^{-ikt} \, dt \int_{-\infty}^{\infty} g(x') \, e^{-ikx'} \, dx' \\
&= F(k)G(k)
\end{aligned}$$

となり，畳み込み積分のフーリエ変換は $f(x)$，$g(x)$ のそれぞれのフーリエ変換 $F(k)$，$G(k)$ の積として得られることが分かる．このように，フーリエ変換を利用すると微積分方程式の表現が簡便になり，解きやすくなることが多い．

また，数値計算上でもこの畳み込み積分のフーリエ変換の式は有用である．実際，$f(x), g(x)$ から $h(x)$ を計算する際，$f(x), g(x)$ のフーリエ変換を行い，その結果を用いて $F(k)G(k)$ の逆フーリエ変換から $h(x)$ を求める，という手法

が用いられる．フーリエ変換の際には高速フーリエ変換と呼ばれる大変効率の良い数値計算法を利用することができるので，式 (2.59) を直接計算するより，フーリエ変換を 3 回実行した方が早いのである．

第3章
フーリエ変換を用いた微分方程式の解法

本章では，フーリエ変換を利用して解くことができる2つの典型的な応用問題を紹介する．はじめは時間についてフーリエ変換を行う古典力学の問題，次は空間座標についてフーリエ変換を行う熱伝導の問題である．方程式の解き方に注目して，フーリエ変換によって現象の解析が容易になることを確認してほしい．

3.1 強制振動

最初の応用問題のテーマは，強制振動である．強制振動とは外力によって生じる振動である．例えば，エンジンやモーターといった動力源はその回転数に応じた振動音を生み出すが，ここでは，そのような振動音の特徴がどのようにして与えられるか考える．通常の固体物質には外力による変形に対抗する応力が存在し，そのことによって変形を元に戻そうとする運動が生じる．そのような状況を記述する最も単純なモデルが調和振動子である．ここでは，この調和振動子に外力と抵抗力が働くときの運動を考える．

3.1.1 外力がないときの解

はじめに，外力が働いていないときの解を求めて，その後，外力がある場合を考えよう．図3.1のように片側が固定されたばね定数 k のバネに質量 m のおもりがつながれている状況で，おもりに速度に比例する抵抗力 $-\Gamma \frac{dx}{dt}$ が働くことを考えると，おもりの運動方程式は

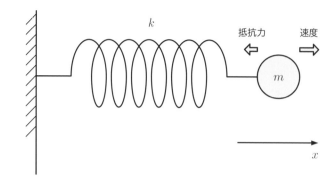

図 3.1　ばね定数 k のバネに質量 m のおもりがつながれた抵抗力の働くバネモデル

$$m\frac{d^2x}{dt^2} = -kx - \Gamma\frac{dx}{dt}$$

となる．ここで，$\Gamma > 0$ である．この式を変形すると $\omega_0^2 = k/m$, $\gamma = \Gamma/(2m)$ として

$$\frac{d^2x}{dt^2} + 2\gamma\frac{dx}{dt} + \omega_0^2 x = 0$$

となる．通常は，$x(t) = Ae^{i\omega t}$ を仮定して解くことが多いが，ここでは，$x(t)$ をフーリエ変換を使って

$$x(t) = \int e^{i\omega t} X(\omega)\, d\omega \tag{3.1}$$

のように表す．つまり，様々な振動数 ω の振動の重ね合わせで一般的な解を表現することにする．これを運動方程式に代入すると

$$\int d\omega\, e^{i\omega t} \left[(i\omega)^2 + 2i\gamma\omega + \omega_0^2\right] X(\omega) = 0$$

となるため，任意の ω に対して

$$\left[(i\omega)^2 + 2i\gamma\omega + \omega_0^2\right] X(\omega) = 0 \tag{3.2}$$

を満たす必要がある．$x(t)$ が式 (3.1) のように表されているので，少なくともある ω で $X(\omega) \neq 0$ でなければならない．$X(\omega) \neq 0$ の解を得るためには式 (3.2) より

$$(i\omega)^2 + 2i\gamma\omega + \omega_0^2 = 0$$

$$\therefore \omega = i\gamma \pm \sqrt{\omega_0^2 - \gamma^2} = \omega_\pm$$

が満たされていなければならず，このことから，

$$x(t) = Ae^{i\omega_+ t} + Be^{-i\omega_- t}$$

と書けることが分かる．

- $\omega_0 > \gamma$ のときには

$\tilde{\omega} = \sqrt{\omega_0^2 - \gamma^2}$ とおくと

$$x(t) = e^{-\gamma t}(Ae^{i\tilde{\omega}t} + Be^{-i\tilde{\omega}t})$$
$$= e^{-\gamma t}(A'\cos(\tilde{\omega}t) + B'\sin(\tilde{\omega}t))$$

となり，振動数 $\tilde{\omega}$ の振動で，振幅が減衰する減衰振動になっている．

- $\omega_0 < \gamma$ のときには

$$\omega = i\left(\gamma \pm \sqrt{\gamma^2 - \omega_0^2}\right) = i\Gamma_\pm$$

とすると $\Gamma_\pm > 0$ なので，解は

$$x(t) = Ae^{-\Gamma_+ t} + Be^{-\Gamma_- t}$$

と書ける．したがって，解は振動せず，単調に減衰する．これは過減衰と呼ばれる解である．

3.1.2 外力があるときの解

次に，外力 $f(t)$ がある場合を考える．運動方程式は，

$$m\frac{d^2x}{dt^2} = -kx - \Gamma\frac{dx}{dt} + f(t)$$

である．この微分方程式の右辺 $f(t)$ は $x(t)$ を含まないため，$x(t)$ の次数が微分方程式全体でそろっていない．このような微分方程式を非斉次微分方程式と

呼ぶ．この非斉次微分方程式の解は以下の手順で求めることができる．

- とにかく解を一つ見つける．この解を特殊解と呼び，$X_0(t)$ と書く．このとき，$X_0(t)$ は積分定数などの未定定数を含まない．
- 次に，$f(t) = 0$ とした斉次方程式の一般解を求める．この解を $x_0(t)$ と書く．
- 最後に，上記の 2 つの解を足し合わせて非斉次微分方程式の一般解 $x(t) = x_0(t) + X_0(t)$ を得る．

この一般解 $x(t)$ は，積分定数を含み，かつ，微分方程式を満たすことから，一般解となっていることが分かる．

したがって，はじめに特殊解を求めなければならない．$f(t)$ のフーリエ変換を

$$f(t) = \int e^{i\omega t} F(\omega) \, d\omega$$

とし，解を式 (3.1) のようにおいて運動方程式に代入すると

$$\left[(i\omega)^2 + 2i\gamma\omega + \omega_0^2 \right] X(\omega) = \frac{1}{m} F(\omega)$$

となる．このことから

$$X(\omega) = \frac{\frac{1}{m} F(\omega)}{(i\omega)^2 + 2i\gamma\omega + \omega_0^2}$$

$$= \frac{\frac{1}{m} F(\omega)}{\sqrt{(\omega_0^2 - \omega^2)^2 + (2\omega\gamma)^2}} e^{i\phi_\omega}$$

$$\left(\phi_\omega = \tan^{-1} \frac{-2\omega\gamma}{\omega_0^2 - \omega^2} \right)$$

でなければならず，特殊解は式 (3.1) から

$$x(t) = \int \frac{\frac{1}{m} F(\omega)}{\sqrt{(\omega_0^2 - \omega^2)^2 + (2\omega\gamma)^2}} e^{i(\omega_t + \phi_\omega)} d\omega$$

のように得られる．斉次方程式の解は $f(t) = 0$ の解としてすでに得ているので，最終的に一般解は

$$x(t) = Ae^{i\omega_+ t} + Be^{-i\omega_- t} + \int \frac{\frac{1}{m}F(\omega)}{\sqrt{(\omega_0^2 - \omega^2)^2 + (2\omega\gamma)^2}} e^{i(\omega t + \phi_\omega)} d\omega$$

のように表すことができる．なお，$f(t) = 0$ の解は，十分時間が経過すると減衰して消えてしまうので，定常解として残るのは第3項の特殊解の部分だけになる．

振幅を与える $X(\omega)$ の ω 依存性を見ると，$\omega = \omega_0 = \sqrt{k/m}$ で分母が最も小さくなることから，その振動数の外力 $F(\omega_0)$ が大きな影響を与えることが分かる．これは，系の固有振動数 $\omega = \omega_0$ に対応する外力が加えられたとき，共振が生じることに対応する．特に，抵抗力の大きさ γ を十分に小さくできる場合には，どんなに小さな外力 $f(\omega_0)$ でも，いくらでも大きな振動を発生させることができ，最終的にバネを壊すことも可能になる．工学的には，γ と $\sqrt{k/m}$ を調節し，外力 $f(\omega_0)$ に対する振動の大きさ $X(\omega_0)$ を許容内に抑えることが求められる．

一方，ϕ_ω は周波数 ω の外力に対する応答が位相 ϕ_ω だけずれることを意味している．ϕ_ω は ω が小さいときは小さく，共鳴周波数のところで，一番変化が大きくなり，共鳴周波数より充分大きいと π に近づく．これは，外力の周波数が小さいときは，少しだけ位相がずれて追随するのに対し，外力の周波数が非常に大きいときは，逆位相で追随することを表している．

問題 3.1 外力として，$f(t) = A\delta(t)$ を与えたときの運動を求めよ．この外力によって生じる現象は物理的にどのような状況で生じるか考えよ．

3.2 熱伝導

フーリエ変換によって簡単に解くことができるもう一つのよく知られた問題が熱伝導である．

3.2.1 熱伝導方程式の導出

一般的に熱伝導の現象は熱伝導方程式によって理解することができる．まずはじめに，この熱伝導方程式を導出しよう．図3.2に示すように1次元の棒を

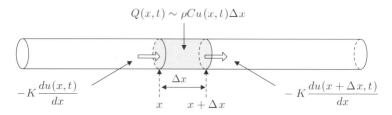

図 3.2　1 次元棒の微小区間に流れ込む熱流とそこから流れ出す熱流．灰色で示した微
　　　　小区間における熱の総量は $Q(x, t)$ である．

考え，この棒の線密度を ρ，比熱を C，各点 x における時刻 t での温度を $u(x, t)$
とすると，x から $x + \Delta x$ までの微小区間における熱の総量は比熱の定義により

$$Q(x, t) = \int_x^{x+\Delta x} \rho C u(x, t) dx \sim \rho C u(x, t) \Delta x$$

で与えられる．また，各点での熱流については，温度勾配 $du(x, t)/dx$ に比例
するというフーリエの法則が成り立つと考えて，その比例係数を $K > 0$ とお
く．すると，微小区間における熱の流入と流出の差は

$$K\frac{du(x + \Delta x, t)}{dx} - K\frac{du(x, t)}{dx}$$

となるが，これがこの区間に上積みされる単位時間当たりの熱量に等しいので

$$\frac{\partial Q(x, t)}{\partial t} = \rho C \frac{\partial u(x, t)}{\partial t} \Delta x = K\frac{\partial u(x + \Delta x, t)}{\partial x} - K\frac{\partial u(x, t)}{\partial x}$$

が成り立たなければならない．ここで，拡散係数 $D = K/(\rho C)$ を導入すると

$$\frac{\partial u(x, t)}{\partial t} = D\frac{\partial^2 u(x, t)}{\partial x^2} \tag{3.3}$$

が得られる．これが，熱伝導方程式である．

3.2.2　無限に長い 1 次元棒の熱伝導

　この熱伝導方程式を，無限に長い 1 次元の棒に適用してその解を求めてみよ
う．以下では，$t = 0$ での温度分布が $u(x, t = 0) = f(x)$ のように与えられた
とき，その後の温度分布 $u(x, t)$ がどのように変化するか熱伝導方程式 (3.3) を
解くことで求めてみる．

まず, $u(x,t) = X(x)T(t)$ とおいて変数分離法[1] を適用すると

$$X(x)\frac{\partial T(t)}{\partial t} = D\frac{\partial^2 X(x)}{\partial x^2}T(t)$$

より

$$\frac{1}{DT(t)}\frac{\partial T(t)}{\partial t} = \frac{1}{X(x)}\frac{\partial^2 X(x)}{\partial x^2}$$

を得る. x と t は独立な変数であり, この等式は (x,t) によらずに成り立たなければならない. 一方, 左辺は t のみの関数, 右辺は x のみの関数で表されている. したがって, この等式が成り立つためには, 右辺, 左辺とも x,t によらない何らかの定数 λ に等しいはずである.

$$\frac{1}{DT(t)}\frac{\partial T(t)}{\partial t} = \lambda$$

$$\frac{1}{X(x)}\frac{\partial^2 X(x)}{\partial x^2} = \lambda$$

これを解くと

$$T_\lambda(t) = C\ e^{\lambda D t}$$

$$X_\lambda(x) = A\ e^{\sqrt{\lambda}x} + B\ e^{-\sqrt{\lambda}x}$$

となるが, $t \to \infty$ で解が発散しないためには $\lambda < 0$ でなければならない. 改めて $\lambda = -q^2$ とおき, $q > 0$ とすると

$$T_q(t) = C\ e^{-Dq^2 t}$$

$$X_q(x) = A\ e^{iqx} + B\ e^{-iqx}$$

より

$$X_q(x)T_q(t) = (c_q\ e^{iqx} + c_{-q}\ e^{-iqx})\ e^{-Dq^2 t}$$

と書くことができる.

ここで q は任意の正の実数で, 異なる q の解を重ね合わせても熱伝導方程式

---

1) このように多変数関数で表される微分方程式の解を一変数関数の積で表せると仮定して解く手法を変数分離法と呼ぶ. 積で書けないものは, この線形結合で書けると考える. 本書で現れる多変数関数に関する微分方程式を解く際は, つねにこの変数分離法を用いる.

(3.3) の解になっていることに注意すると，

$$u(x,t) = \int_0^\infty X_q(x)T_q(t)\,dq = \int_{-\infty}^\infty c_q\,e^{iqx}e^{-Dq^2t}\,dq \tag{3.4}$$

と書ける．これが熱伝導方程式 (3.3) の一般解である．

　次に，$t = 0$ での初期条件を用いて式 (3.4) の係数 c_q を求める．$t = 0$ で $u(x,0) = f(x)$ であるから

$$u(x,0) = f(x) = \int_{-\infty}^\infty c_q\,e^{iqx}\,dq$$

となる．このとき c_q は $f(x)$ のフーリエ変換と見なすことができるので

$$c_q = \frac{1}{2\pi}\int_{-\infty}^\infty f(x)\,e^{-iqx}\,dx$$

より求めることができる．この c_q を式 (3.4) に代入すると

$$u(x,t) = \int_{-\infty}^\infty \left(\frac{1}{2\pi}\int_{-\infty}^\infty f(x')\,e^{-iqx'}\,dx' \right) e^{iqx}e^{-Dq^2t}\,dq$$

$$= \frac{1}{2\pi}\int_{-\infty}^\infty f(x')\int_{-\infty}^\infty e^{iq(x-x')}e^{-Dq^2t}\,dqdx' \tag{3.5}$$

が得られる．最後に q に関する積分 (2.7 節参照)

$$\int_{-\infty}^\infty e^{iq(x-x')}e^{-Dq^2t}\,dq$$

$$= \int_{-\infty}^\infty \exp\left\{ -Dt\left(q - \frac{i(x-x')}{2Dt} \right)^2 + Dt\left(\frac{i(x-x')}{2Dt} \right)^2 \right\}dq$$

$$= \exp\left\{ -\frac{(x-x')^2}{4Dt} \right\}\int_{-\infty}^\infty \exp\left\{ -Dt\left(q - \frac{i(x-x')}{2Dt} \right)^2 \right\}dq$$

$$= \exp\left\{ -\frac{(x-x')^2}{4Dt} \right\}\sqrt{\frac{\pi}{Dt}}$$

を行い，その結果を式 (3.5) に代入することで，温度分布 $u(x,t)$ の時間発展

$$u(x,t) = \frac{1}{2\pi}\int_{-\infty}^\infty f(x')\int_{-\infty}^\infty e^{iq(x-x')}e^{-Dq^2t}\,dqdx'$$

$$= \frac{1}{2\sqrt{\pi Dt}}\int_{-\infty}^\infty f(x')\exp\left\{ -\frac{(x-x')^2}{4Dt} \right\}dx'$$

を得る．

　図 3.3 に $t = 0$ での温度分布 $f(x)$ を $\delta(x)$ としたときの温度分布 $u(x,t)$ の時間発展の様子を示す．原点から離れた場所では，熱の通過に伴って温度が一度上昇してから減少に転じるという，熱拡散の様子を確認することができる．

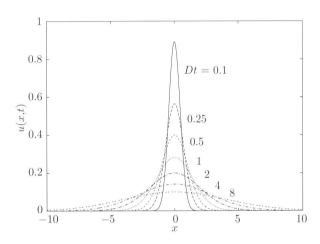

図 3.3　$t = 0$ での温度分布 $f(x)$ を $\delta(x)$ としたときの温度分布の時間発展

3.2.3　有限の長さの 1 次元棒の熱伝導

　次に棒の長さが L の場合の熱伝導を考えてみよう．図 3.4 のように棒の両端 $(x = 0, L)$ で温度が 0 に保たれているとする．

　まず境界条件 $u(0,t) = 0,\, u(L,t) = 0$ を考えよう．式 (3.4) の一般解に

図 3.4　両端を温度 $T = 0$ に保った長さ L の 1 次元棒

$u(0, t) = 0$ の条件を適用すると

$$u(0, t) = \int_{-\infty}^{\infty} c_q \, e^{-Dq^2 t} \, dq$$

$$= \int_{-\infty}^{0} c_q \, e^{-Dq^2 t} \, dq + \int_{0}^{\infty} c_q \, e^{-Dq^2 t} \, dq$$

$$= \int_{0}^{\infty} (c_{-q} + c_q) \, e^{-Dq^2 t} \, dq$$

$$= 0$$

これが，任意の時刻 t において成り立つので，$\exp(-Dq^2 t)$ の係数は 0 であり

$$c_{-q} + c_q = 0$$

が成り立つ．棒の両端以外では温度は一般に有限であるから $c_q = 0$ ではないことに注意しよう．

　このとき

$$u(x, t) = \int_{-\infty}^{\infty} c_q \, e^{iqx - Dq^2 t} \, dq$$

$$= \int_{0}^{\infty} (c_q e^{iqx} + c_{-q} e^{-iqx}) \, e^{-Dq^2 t} \, dq$$

$$= \int_{0}^{\infty} (a_q \cos qx + b_q \sin qx) \, e^{-Dq^2 t} \, dq$$

$$[a_q = c_q + c_{-q}, \ b_q = i(c_q - c_{-q})]$$

$$= \int_{0}^{\infty} b_q \sin qx \, e^{-Dq^2 t} \, dq$$

と書くことができる．よって，もう一方の境界条件は

$$u(L, t) = \int_{0}^{\infty} b_q \sin qL \, e^{-Dq^2 t} \, dq = 0.$$

となる．これが任意の時刻 t で成り立つためには，$\sin qL \neq 0$ なら $b_q = 0$ でなければならず，$\sin qL = 0$ のときのみ $b_q \neq 0$ が許される．したがって，

$$\sin qL = 0 \quad \to \quad q = \frac{m\pi}{L} \quad (m = 1, 2, 3, \cdots)$$

になっている．

以上をまとめると，$u(x,t)$ は

$$u(x,t) = \sum_{m=1}^{\infty} b_m \sin \frac{m\pi}{L} x \, e^{-D\left(\frac{m\pi}{L}\right)^2 t}$$

と書けたことになる．これが与えられた境界条件のもとでの $u(x,t)$ の一般解である．後は，初期条件から b_m を決めることで，$u(x,t)$ を決めることになる．

ここでは，初期条件として $t=0$ で棒の中央 $x=L/2$ に熱量 A を与えた場合 $[u(x,0) = A\delta(x-L/2)]$ を考え，b_m を決めてみよう．まず，初期条件を書き下すと

$$u(x,0) = \sum_m b_m \sin \frac{m\pi}{L} x = A\,\delta(x-L/2) \qquad (0 \leq x \leq L)$$

となる．b_m を含む項に着目して，周期 L のフーリエ級数展開の式 (2.37)-(2.39) と比較すると，$\sin$ 関数を使った周期 $2L$ のフーリエ級数展開と同じ形になっていることが分かる．特に，$\sin$ 関数だけで書いているので，$[-L, L]$ の奇関数のフーリエ級数展開に対応している．しかしながら，初期条件 $u(x,0)$ は $0 \leq x \leq L$ の範囲で定義していたので，区間を $[-L, L]$ に合わせるように定義域を拡張しないと，フーリエ級数展開と整合しない．そこで，フーリエ級数の係数 b_m が奇関数の展開係数になっていることを考慮して，式 (2.37) の $f(x)$ が奇関数になるように定義域を拡張すると $f(x) = A\,\delta(x-L/2) - A\,\delta(x+L/2)$ となる．このようにして決めた $f(x)$ から b_m を求めると

$$\begin{aligned}
b_m &= \frac{2}{2L} \int_{-L}^{L} \sin\left(\frac{2m\pi}{2L}x\right) f(x)\,dx \\
&= \frac{2}{L} \int_0^L \sin\left(\frac{2m\pi}{2L}x\right) A\,\delta(x-\frac{L}{2})\,dx \\
&= \frac{2A}{L} \sin \frac{m\pi}{2} \\
&= \begin{cases} 0 & (m=2n) \\ \frac{2A}{L}(-1)^n & (m=2n+1) \end{cases}
\end{aligned}$$

となり

$$u(x,t) = \frac{2A}{L} \sum_{n=0}^{\infty} (-1)^n \sin\left(\frac{2n+1}{L}\pi x\right) e^{-D\left(\frac{2n+1}{L}\pi\right)^2 t}$$

を得る．これが，$t = 0$ において棒の中央に熱量 A を与えたときの温度分布 $u(x,t)$ となる．

問題 3.2　$0 \le x \le L$ の範囲にある長さ L の 1 次元棒で，両端が断熱されている場合を考えよう．境界条件を $\left.\frac{\partial u(x,t)}{\partial x}\right|_{x=0} = 0,\ \left.\frac{\partial u(x,t)}{\partial x}\right|_{x=L} = 0$ としたときの一般解 $u(x,t)$ を求めよ．また，初期条件として $u(x,t=0) = A\delta\left(x - \frac{L}{2}\right)$ とした場合の温度分布 $u(x,t)$ を求めよ．$t \to \infty$ でどうなるかを調べ，両端を温度 0 にした場合との違いを確認せよ．

第4章

ラプラス変換

ラプラス変換は，フーリエ変換における波数 k を複素数に拡張した変換で，初期条件が与えられた微積分方程式を代数的に解く計算法として利用される．フーリエ変換と異なり，直交関数系への基底変換という性質は失われているが，積分の収束性が良く実用性が優れている．本章では，ラプラス変換により，微積分方程式がどのようにして代数的な問題に変換されるか解説する．

4.1　ラプラス変換の定義

まず，$t \geq 0$ で定義された関数 $f(t)$ に e^{-st} をかけ，t について 0 から ∞ まで積分することを考える．

$$F(s) = \int_0^\infty e^{-st} f(t) \, dt$$

この積分が存在する場合，その積分値は s の関数になる．この関数を $F(s)$ と表したとき，$F(s)$ を関数 $f(t)$ の**ラプラス変換**という．また，関数 $f(t)$ を関数 $F(s)$ の**逆ラプラス変換**という．

例えば，a を定数とする $f(t) = e^{at}$ のラプラス変換は

$$
\begin{aligned}
F(s) &= \int_0^\infty e^{-st} e^{at} \, dt \\
&= \int_0^\infty e^{-(s-a)t} \, dt \\
&= \left[\frac{-1}{s-a} e^{-(s-a)t} \right]_0^\infty
\end{aligned}
$$

$$= \frac{1}{s-a} \qquad (s-a > 0) \tag{4.1}$$

となる．ただし，$s-a > 0$ である s についてのみ定義される．

次の表 4.1 にいくつかの関数 $f(t)$ のラプラス変換 $F(s)$ を示す．

表 4.1　様々な関数 $f(t)$ とそのラプラス変換 $F(s)$

$f(t)$	$F(s)$	$f(t)$	$F(s)$
1	$\frac{1}{s}$	e^{at}	$\frac{1}{s-a}$
t	$\frac{1}{s^2}$	$\cos \omega t$	$\frac{s}{s^2+\omega^2}$
t^2	$\frac{2}{s^3}$	$\sin \omega t$	$\frac{\omega}{s^2+\omega^2}$
t^n	$\frac{n!}{s^{n+1}}$	$\cosh at$	$\frac{s}{s^2-a^2}$
$t^{1/2}$	$\frac{\sqrt{\pi}}{2}\frac{1}{s^{3/2}}$	$\sinh at$	$\frac{a}{s^2-a^2}$

4.2　ラプラス変換の性質

4.2.1　ラプラス変換の線形性

$f(t)$, $g(t)$ のラプラス変換をそれぞれ $F(s)$, $G(s)$ としたとき，$af(t)+bg(t)$ のラプラス変換は

$$\int_0^\infty e^{-st}\left[af(t)+bg(t)\right]\,dt$$
$$= a\int_0^\infty e^{-st}f(t)\,dt + b\int_0^\infty e^{-st}g(t)\,dt$$
$$= aF(s)+bG(s) \tag{4.2}$$

となる．このことからラプラス変換が線形演算であることが分かる．

4.2.2　導関数のラプラス変換

$t \geq 0$ で連続な関数 $f(t)$ の導関数 $f'(t)$ のラプラス変換を考えると

$$\int_0^\infty e^{-st}f'(t)\,dt = \int_0^\infty e^{-st}\left(\frac{d}{dt}f(t)\right)\,dt$$

$$
\begin{aligned}
&= \left[e^{-st} f(t) \right]_0^\infty - \int_0^\infty \left(\frac{d}{dt} e^{-st} \right) f(t) \, dt \\
&= -f(0) + s \int_0^\infty e^{-st} f(t) \, dt \\
&= -f(0) + s F(s) \tag{4.3}
\end{aligned}
$$

より，$f'(t)$ のラプラス変換は $f(t)$ のラプラス変換 $F(s)$ と，$f(t)$ の初期値 $f(0)$ によって与えられることが分かる．ただし上の式は $\lim_{t \to \infty} e^{-st} f(t) = 0$ となる s について定義される．

$f'(t)$ のラプラス変換

$$
\int_0^\infty e^{-st} f'(t) \, dt = -f(0) + s \int_0^\infty e^{-st} f(t) \, dt \tag{4.4}
$$

において 2 階の導関数 $f''(t)$ を $f'(t)$ の代わりに代入すると

$$
\int_0^\infty e^{-st} f''(t) \, dt = -f'(0) + s \int_0^\infty e^{-st} f'(t) \, dt
$$

が得られる．右辺第 2 項にさらに式 (4.4) を適用すると

$$
\begin{aligned}
\int_0^\infty e^{-st} f''(t) \, dt &= -f'(0) + s \left[-f(0) + s \int_0^\infty e^{-st} f(t) \, dt \right] \\
&= s^2 \int_0^\infty e^{-st} f(t) \, dt - s f(0) - f'(0) \\
&= s^2 F(s) - s f(0) - f'(0) \tag{4.5}
\end{aligned}
$$

が得られる．

4.2.3 積分のラプラス変換

$f(t)$ の積分

$$
\int_0^t f(t') \, dt'
$$

のラプラス変換を考えると，

$$
\int_0^\infty e^{-st} \left(\int_0^t f(t') \, dt' \right) dt
$$

$$= \left[-\frac{1}{s} e^{-st} \int_0^t f(t') \ dt' \right]_0^\infty$$
$$+ \int_0^\infty \frac{1}{s} e^{-st} \left(\frac{d}{dt} \int_0^t f(t') \ dt' \right) dt$$
$$= \frac{1}{s} \int_0^\infty e^{-st} f(t) \ dt$$

となることから，$f(t)$ の積分のラプラス変換は

$$\int_0^\infty e^{-st} \left(\int_0^t f(t') \ dt' \right) dt = \frac{1}{s} F(s)$$

のように $f(t)$ のラプラス変換 $F(s)$ を用いて表すことができる．ただし s は $\lim_{t \to \infty} e^{-st} \int_0^t f(t') \ dt' = 0$ を満たすものとする．

4.3 ラプラス変換を用いた微分方程式の解法

初期条件 $y(0) = 1$，$y'(0) = 1$ が与えられたときの微分方程式

$$y'' + 3y' + 2y = 0 \tag{4.6}$$

の解 $y(t)$ を求めよう．未知関数 $y(t)$ のラプラス変換を $Y(s)$ とおくと，式 (4.3)，式 (4.5) より，初期条件を代入することで次の方程式が得られる．

$$\int_0^\infty e^{-st} y'(t) \ dt = sY(s) - y(0) = sY(s) - 1$$
$$\int_0^\infty e^{-st} y''(t) \ dt = s^2 Y(s) - sy(0) - y'(0)$$
$$= s^2 Y(s) - s - 1$$

これらの式を用いて微分方程式 (4.6) のラプラス変換を行うと

$$s^2 Y(s) - s - 1 + 3(sY(s) - 1) + 2Y(s) = 0$$

が得られる．これを**補助方程式**と呼ぶ．この補助方程式は

$$(s^2 + 3s + 2)Y(s) = s + 1 + 3$$

と変形できる．$s^2 + 3s + 2 = (s+1)(s+2)$ であることに注意して $Y(s)$ について解くと

$$
\begin{aligned}
Y(s) &= \frac{s+4}{(s+1)(s+2)} \\
&= \frac{-2(s+1) + 3(s+2)}{(s+1)(s+2)} \\
&= \frac{-2}{(s+2)} + \frac{3}{(s+1)}
\end{aligned}
$$

を得る．両辺のラプラス逆変換を行うと，式 (4.1) より $\frac{1}{s-a}$ の逆変換が e^{-at} であることと，ラプラス変換の線形性より

$$
y(t) = -2e^{-2t} + 3e^{-t}
$$

を得る．この $y(t)$ は $t = 0$ での初期条件を満たしており，また，微分方程式 (4.6) の解であることが確認できるので，求めるべき解であることが分かる．このように，ラプラス変換を利用することで，初期条件が与えられた微分方程式の解を代数計算によって得ることが可能になる．

問題4.1　$\cos \omega t,\ \sin \omega t$ のラプラス変換をそれぞれ求めよ．

問題4.2　$e^{at} f(t)$ のラプラス変換が $F(s-a)$ で表されることを示せ．

問題4.3　質量 m の質点の減衰振動の運動方程式

$$
m\ddot{x}(t) + 2m\gamma \dot{x}(t) + m\omega_0^2 x(t) = 0 \qquad (\gamma > 0, \gamma \neq \omega_0)
$$

をラプラス変換を用いて解いてみよう．ただし，初期条件として，$x(0) = x_0, \dot{x}(0) = v_0$ とする．

1.　運動方程式から $x(t)$ のラプラス変換 $X(s)$ を求めよ．

2.　この $X(s)$ を与えるような元の関数 $x(t)$ を求めよ．

第5章
級数展開による微分方程式の解法

　以降の章では，様々な微分方程式の解について考えていく．本章では，微分方程式の解を求める一般的な方法として，ベキ級数展開による解法を説明する．

5.1　解が正則な場合

　微分方程式全体で，y およびその微分 $y^{(n)}$ の次数が 1 になっている斉次線形微分方程式

$$y'' + p_1(x)y' + p_2(x)y = 0 \tag{5.1}$$

において，$p_1(x)$ および $p_2(x)$ が $x = a$ において正則 [1] であれば，微分方程式の解 $y(x)$ も $x = a$ で正則であり

$$y = c_0 + c_1(x - a) + c_2(x - a)^2 + ...$$

と展開することが可能である．このことから，このベキ級数展開を微分方程式に代入し，係数を決めることで解を求めることができる．

　具体的に次の微分方程式を $x = 0$ の周りの級数展開の方法で解いてみよう．

$$y'' + y = 0$$

---

[1] 複素関数としての正則を意味する．例えば $y(x)$ が $x = a$ で正則であるとは，x を複素数とみなして，$y(x)$ を複素関数と考えたときに $x = a$ で正則（微分可能）である，という意味である．$x = a$ で正則ではない典型的な例は $1/(x-a)^m$ のような特異点がある場合である．

解を $x = 0$ の周りで

$$y = \sum_{k=0}^{\infty} c_k x^k$$

と展開し，微分方程式 $y'' + y = 0$ に代入すると

$$\sum_{k=0}^{\infty} c_k k(k-1) x^{k-2} + \sum_{k=0}^{\infty} c_k x^k = 0$$

の関係を得る．ここで，x の次数が同じになるようにまとめると

$$\sum_{k=0}^{\infty} \left[(k+2)(k+1) c_{k+2} + c_k \right] x^k = 0$$

のようになる．左辺は任意の x に対して 0 であるため，すべての k に関して x^k の係数は 0 でなければならない．したがって，

$$(k+2)(k+1) c_{k+2} + c_k = 0 \quad (k \geq 0)$$

という漸化式が得られ，順次係数を決めていくことで以下のように微分方程式の一般解を得ることができる．

$$c_{2n} = \frac{-1}{2n(2n-1)} c_{2n-2} = \frac{(-1)^n}{2n(2n-1)\cdots 2 \cdot 1} c_0 = \frac{(-1)^n}{(2n)!} c_0,$$

$$c_{2n+1} = \frac{-1}{(2n+1)2n} c_{2n-1} = \frac{(-1)^n}{(2n+1)2n\cdots 3 \cdot 2} c_1 = \frac{(-1)^n}{(2n+1)!} c_1,$$

$$\therefore \quad y = c_0 \sum_{n=0}^{\infty} \frac{(-1)^n}{(2n)!} x^{2n} + c_1 \sum_{n=0}^{\infty} \frac{(-1)^n}{(2n+1)!} x^{2n+1} = c_0 \cos x + c_1 \sin x.$$

ここで，c_0, c_1 は任意の数である．

5.2 解に特異点がある場合

次に解に特異点（発散する点）がある場合について考えてみる．このとき，特異点以外の点の周りでベキ級数展開を行うと，収束半径は特異点までの距離で決まってしまう．一方，以下に示すように，特異点周りでの展開を考えると，特異点での発散の次数までを含めて解を求めることができる．

斉次線形微分方程式

$$y'' + p_1(x)y' + p_2(x)y = 0 \tag{5.2}$$

において, $p_1(x), p_2(x)$ の中に $x = a$ で特異点をもつものがあるが, $(x-a)p_1(x)$, $(x-a)^2 p_2(x)$ が共に $x = a$ で正則である場合, $x = a$ をこの微分方程式の確定特異点という. $x = a$ が確定特異点であるとき, 微分方程式の解はある λ を用いて

$$y = c_0(x-a)^\lambda + c_1(x-a)^{\lambda+1} + c_2(x-a)^{\lambda+2} + ... \tag{5.3}$$

の形の級数で表される. (ただし, $c_0 \neq 0$ とする.)

　具体的に以下の微分方程式を考えてみる.

$$x^2 y'' + xy' + \left(x^2 - \frac{1}{4}\right)y = 0$$

まず全体を x^2 で割ると微分方程式は

$$y'' + \frac{y'}{x} + \frac{x^2 - 1/4}{x^2}y = 0$$

と書けるので, $p_1(x) = 1/x, p_2(x) = (x^2 - 1/4)/x^2$ であり, 確定特異点は $x = 0$ となる.

　$x = 0$ の周りの級数解を

$$y = \sum_{k=0}^{\infty} c_k x^{\lambda+k} \tag{5.4}$$

とおくと

$$y' = \sum_{k=0}^{\infty} c_k(\lambda+k)x^{\lambda+k-1}$$

$$y'' = \sum_{k=0}^{\infty} c_k(\lambda+k)(\lambda+k-1)x^{\lambda+k-2}$$

となるので, これらを微分方程式に代入することで

$$\sum_{k=0}^{\infty} c_k (\lambda+k)(\lambda+k-1)x^{\lambda+k} + \sum_{k=0}^{\infty} c_k (\lambda+k)x^{\lambda+k}$$
$$+ \left(x^2 - \frac{1}{4} \right) \sum_{k=0}^{\infty} c_k x^{\lambda+k} = 0$$

となり

$$\sum_{k=0}^{\infty} c_k \left((\lambda+k)^2 - \frac{1}{4} \right) x^{\lambda+k} + \sum_{k=0}^{\infty} c_k x^{\lambda+k+2} = 0 \tag{5.5}$$

を得る．ここで

$$\sum_{k=0}^{\infty} c_k x^{\lambda+k+2} = \sum_{k=2}^{\infty} c_{k-2} x^{\lambda+k}$$

と書けることに注意すると式 (5.5) は以下のように書き直すことができる．

$$c_0 \left(\lambda^2 - \frac{1}{4} \right) x^\lambda + c_1 \left((\lambda+1)^2 - \frac{1}{4} \right) x^{\lambda+1}$$
$$+ \sum_{k=2}^{\infty} \left[c_k \left((\lambda+k)^2 - \frac{1}{4} \right) + c_{k-2} \right] x^{\lambda+k} = 0.$$

この方程式の右辺は x の値によらず 0 であるため，左辺の $x^{\lambda+k}$ の各係数が 0 でなければならず

$$c_0 \left(\lambda^2 - \frac{1}{4} \right) = 0 \tag{5.6}$$

$$c_1 \left((\lambda+1)^2 - \frac{1}{4} \right) = 0 \tag{5.7}$$

$$c_k \left((\lambda+k)^2 - \frac{1}{4} \right) + c_{k-2} = 0 \qquad (k \geq 2) \tag{5.8}$$

という関係式が得られる．$c_0 \neq 0$ であるから式 (5.6) より

$$\lambda = \pm \frac{1}{2}$$

となるが，このように $c_0 \neq 0$ の条件から得られる方程式を**指数方程式**という．指数方程式は，一般的には式 (5.3) を式 (5.2) に代入して $(x-a)^{\lambda-2}$ の係数を

見ることによって

$$\lambda(\lambda - 1) + \lambda[(x - a)p_1(x)]_{x=a} + [(x - a)^2 p_2(x)]_{x=a} = 0$$

で与えられる．この 2 次方程式の解として，2 つの λ を得ることができ，それ
ぞれの場合に対して微分方程式の解を得ることができる．なお，天下り的に定
義した確定特異点の条件は，この指数方程式の係数 $[(x - a)p_1(x)]_{x=a}$ および
$[(x-a)^2 p_2(x)]_{x=a}$ が 0 ではない有限の値をもつことに対応している．もし，こ
の 2 つの値が共に 0 であれば，指数方程式の解は $\lambda = 0, 1$ となり，式 (5.3) は
通常のベキ級数となる．一方で，これらの係数が 0 でなければ，λ は非自明な
値となる．以下では，$\lambda = \pm 1/2$ のそれぞれの場合でどのような解が得られる
か確認する．

- **$\boldsymbol{\lambda = \frac{1}{2}}$ のとき**

  式 (5.7) より $c_1 = 0$ である．また，式 (5.8) より

  $$c_k = -\frac{1}{(\lambda + k + 1/2)(\lambda + k - 1/2)}c_{k-2} = -\frac{1}{(k+1)k}c_{k-2}$$

  という漸化式が得られる．$c_1 = 0$ より，$c_{2n+1} = 0$ になるため，k が奇数
  の項はなくなる．一方で $k = 2n$ の偶数の系列が残り

  $$c_{2n} = -\frac{1}{(2n+1)2n}c_{2n-2} = \frac{(-1)^n}{(2n+1)2n\cdots 3\cdot 2}c_0 = \frac{(-1)^n}{(2n+1)!}c_0$$

  より

  $$y = c_0 \sum_{n=0}^{\infty} \frac{(-1)^n}{(2n+1)!}x^{2n+\frac{1}{2}} = \frac{c_0}{\sqrt{x}}\sin x$$

  という解が得られる．

- **$\boldsymbol{\lambda = -\frac{1}{2}}$ のとき**

  式 (5.7) は自動的に満たす．また，式 (5.8) より

  $$c_{2n} = -\frac{1}{2n(2n-1)}c_{2n-2} = \frac{(-1)^n}{2n(2n-1)\cdots 2\cdot 1}c_0 = \frac{(-1)^n}{(2n)!}c_0,$$

$$c_{2n+1} = -\frac{1}{(2n+1)2n}c_{2n-1} = \frac{(-1)^n}{(2n+1)2n \cdots 3 \cdot 2}c_1 = \frac{(-1)^n}{(2n+1)!}c_1$$

の漸化式が得られ

$$y = c_0 \sum_{n=0}^{\infty} \frac{(-1)^n}{(2n)!} x^{2n-\frac{1}{2}} + c_1 \sum_{n=0}^{\infty} \frac{(-1)^n}{(2n+1)!} x^{2n+1-\frac{1}{2}}$$

$$= \frac{c_0}{\sqrt{x}} \cos x + \frac{c_1}{\sqrt{x}} \sin x$$

という解が得られる．したがって，$\lambda = 1/2$ の場合の解と比較することで，$\sin x/\sqrt{x}$ の他に $\cos x/\sqrt{x}$ の形の解の存在が分かる．

　以上の指数方程式の 2 つの解から得られる 2 つの関数の線形結合を考えることで，一般解を次のように得ることができる．

$$y = c_0 \frac{\cos x}{\sqrt{x}} + c_1 \frac{\sin x}{\sqrt{x}}.$$

第6章
ベッセル関数

3次元の世界の界面には，2次元の世界が広がる．例えば，異なる半導体を接合させたときの接合界面には，面直方向の自由度が量子的に凍結された2次元の電子系が実現する．このような2次元の面内に作用する外場やポテンシャルが方向依存性をもたない場合，系は等方的な円対称性をもつ．このとき極座標系を用いて物理法則を記述すると，その解を1次元の問題に帰着させて求めることができる．特に，円形の境界条件が与えられた場合，極座標系の利用が最も適切である．

本章では，このような状況において現れる2次元極座標系での微分方程式の表現とその動径方向の微分方程式の解として現れるベッセル関数について解説する．

6.1　2次元極座標系でのラプラシアン

2次元の極座標 r, θ と直角座標 x, y との関係は

$$x = r\cos\theta$$
$$y = r\sin\theta$$

である．この関係を用いてラプラシアン

$$\nabla^2 \equiv \frac{\partial^2}{\partial x^2} + \frac{\partial^2}{\partial y^2}$$

を極座標 r, θ を用いて表すことを考えよう．

まず，

$$\frac{\partial}{\partial r} = \frac{\partial}{\partial x}\frac{\partial x}{\partial r} + \frac{\partial}{\partial y}\frac{\partial y}{\partial r} = \cos\theta\frac{\partial}{\partial x} + \sin\theta\frac{\partial}{\partial y}$$

$$\frac{\partial}{\partial\theta} = \frac{\partial}{\partial x}\frac{\partial x}{\partial\theta} + \frac{\partial}{\partial y}\frac{\partial y}{\partial\theta} = -r\sin\theta\frac{\partial}{\partial x} + r\cos\theta\frac{\partial}{\partial y}$$

であることから，この関係式を行列で表すと以下のようになる．

$$\begin{pmatrix} \frac{\partial}{\partial r} \\ \frac{1}{r}\frac{\partial}{\partial\theta} \end{pmatrix} = \begin{pmatrix} \cos\theta & \sin\theta \\ -\sin\theta & \cos\theta \end{pmatrix} \begin{pmatrix} \frac{\partial}{\partial x} \\ \frac{\partial}{\partial y} \end{pmatrix}$$

この変換行列は直交行列になっていることから，逆行列は転置行列であり，

$$\boldsymbol{\nabla} = \begin{pmatrix} \frac{\partial}{\partial x} \\ \frac{\partial}{\partial y} \end{pmatrix} = \begin{pmatrix} \cos\theta & -\sin\theta \\ \sin\theta & \cos\theta \end{pmatrix} \begin{pmatrix} \frac{\partial}{\partial r} \\ \frac{1}{r}\frac{\partial}{\partial\theta} \end{pmatrix} = \boldsymbol{e}_r\frac{\partial}{\partial r} + \boldsymbol{e}_\theta\frac{1}{r}\frac{\partial}{\partial\theta}$$

と表せる．ここで

$$\boldsymbol{e}_r = \begin{pmatrix} \cos\theta \\ \sin\theta \end{pmatrix} \quad \boldsymbol{e}_\theta = \begin{pmatrix} -\sin\theta \\ \cos\theta \end{pmatrix}$$

とした．$\boldsymbol{e}_r, \boldsymbol{e}_\theta$ は極座標における単位ベクトルであり，以下の性質を満たす．

$$\boldsymbol{e}_r \cdot \boldsymbol{e}_r = 1, \quad \boldsymbol{e}_\theta \cdot \boldsymbol{e}_\theta = 1, \quad \boldsymbol{e}_r \cdot \boldsymbol{e}_\theta = 0$$

直交座標系と異なり，単位ベクトルが位置によって変化し

$$\frac{\partial}{\partial r}\boldsymbol{e}_r = 0, \quad \frac{\partial}{\partial r}\boldsymbol{e}_\theta = 0,$$

$$\frac{\partial}{\partial\theta}\boldsymbol{e}_r = \boldsymbol{e}_\theta, \quad \frac{\partial}{\partial\theta}\boldsymbol{e}_\theta = -\boldsymbol{e}_r$$

となることに注意すると，ラプラシアンは

$$\begin{aligned} \nabla^2 = \boldsymbol{\nabla}\cdot\boldsymbol{\nabla} &= (\boldsymbol{e}_r\frac{\partial}{\partial r} + \boldsymbol{e}_\theta\frac{1}{r}\frac{\partial}{\partial\theta}) \cdot (\boldsymbol{e}_r\frac{\partial}{\partial r} + \boldsymbol{e}_\theta\frac{1}{r}\frac{\partial}{\partial\theta}) \\ &= \frac{\partial^2}{\partial r^2} + \frac{1}{r}\frac{\partial}{\partial r} + \frac{1}{r^2}\frac{\partial^2}{\partial\theta^2} \end{aligned} \tag{6.1}$$

となることが分かる．

6.2　極座標でのヘルムホルツ方程式

ラプラシアンを含むヘルムホルツ方程式

$$\nabla^2 f = \left(\frac{\partial^2}{\partial x^2} + \frac{\partial^2}{\partial y^2} \right) f = -\lambda f \qquad (6.2)$$

を極座標系で解くことを考える．このような方程式は，変数分離したシュレディンガー方程式や波動方程式，熱伝導方程式，電磁気学，流体力学などの基礎方程式に現れる．式 (6.1) より

$$\nabla^2 f = \frac{\partial^2 f}{\partial r^2} + \frac{1}{r} \frac{\partial f}{\partial r} + \frac{1}{r^2} \frac{\partial^2 f}{\partial \theta^2} = -\lambda f$$

と表せるため，

$$f = R(r)\Phi(\theta)$$

とおいて，上式に代入すると

$$\left(\frac{\partial^2}{\partial r^2} + \frac{1}{r} \frac{\partial}{\partial r} \right) R(r)\Phi(\theta) + \frac{1}{r^2} \frac{\partial^2}{\partial \theta^2} R(r)\Phi(\theta) = -\lambda R(r)\Phi(\theta)$$

より，両辺を $R(r)\Phi(\theta)$ で割り，r^2 をかけると

$$\frac{r^2}{R(r)} \left(\frac{\partial^2 R(r)}{\partial r^2} + \frac{1}{r} \frac{\partial R(r)}{\partial r} \right) + \lambda r^2 = -\frac{1}{\Phi(\theta)} \frac{\partial^2 \Phi(\theta)}{\partial \theta^2}$$

を得る．左辺は r のみの関数，右辺は θ のみの関数であるから，等式が成り立つためには両辺が定数になっていなければならない．その定数を β とおくと，

$$\frac{d^2 R(r)}{dr^2} + \frac{1}{r} \frac{dR(r)}{dr} + \lambda R(r) = \frac{\beta}{r^2} R(r) \qquad (6.3)$$

$$\frac{d^2 \Phi(\theta)}{d\theta^2} = -\beta \Phi(\theta) \qquad (6.4)$$

が得られる．$\Phi(\theta)$ は一価関数 $\Phi(\theta + 2\pi) = \Phi(\theta)$ でなければならないため，n を整数として

$$\Phi(\theta) = \cos n\theta, \sin n\theta$$

とおくことができる．この $\Phi(\theta)$ を式 (6.4) に代入することで $\beta = n^2$ を得る．

この値を式 (6.3) に代入すると

$$\frac{d^2R(r)}{dr^2} + \frac{1}{r}\frac{dR(r)}{dr} + \left(\lambda - \frac{n^2}{r^2}\right)R(r) = 0 \tag{6.5}$$

を得る．$x \equiv r\sqrt{\lambda}$ となる x を定義して式 (6.5) を $x = r\sqrt{\lambda}$ の変数で表すと $R(r) = y(x)$ とおいて

$$\frac{d^2y(x)}{dx^2} + \frac{1}{x}\frac{dy(x)}{dx} + \left(1 - \frac{n^2}{x^2}\right)y(x) = 0 \tag{6.6}$$

を得る．これを**ベッセルの微分方程式**という．

6.3 ベッセル関数のベキ級数展開

ベッセルの微分方程式

$$\frac{d^2y(x)}{dx^2} + \frac{1}{x}\frac{dy(x)}{dx} + \left(1 - \frac{n^2}{x^2}\right)y(x) = 0$$

の解をベキ級数の形で求めよう．ここでは，上述のように $\Phi(\theta)$ が一価である として n は整数の場合を考える（n が整数ではない場合については 6.7 節で述べる）．この微分方程式は，$x = 0$ が確定特異点になっているので

$$y(x) = \sum_{m=0}^{\infty} c_m x^{m+\lambda} \tag{6.7}$$

のように表し，係数を求めていく．ただし，$c_0 \neq 0$ とする．これを x^2 をかけたベッセルの微分方程式

$$x^2\frac{d^2y(x)}{dx^2} + x\frac{dy(x)}{dx} + \left(x^2 - n^2\right)y(x) = 0$$

に代入すると

$$\sum_{m=0}^{\infty}(m+\lambda)(m+\lambda-1)c_m x^{m+\lambda} + \sum_{m=0}^{\infty}(m+\lambda)c_m x^{m+\lambda}$$
$$+ \sum_{m=0}^{\infty} c_m x^{m+\lambda+2} - n^2\sum_{m=0}^{\infty} c_m x^{m+\lambda} = 0 \tag{6.8}$$

を得る. 上の方程式は $x^{m+\lambda}$ の各ベキの係数が 0 になる必要があるので, まず x^λ のベキを考えると, 各項の x^λ のベキの係数の間に

$$\lambda(\lambda - 1)c_0 + \lambda c_0 - n^2 c_0 = 0$$

が成り立っていなければならない. この式から

$$(\lambda^2 - n^2)c_0 = (\lambda - n)(\lambda + n)c_0 = 0$$

が得られるが, $c_0 \neq 0$ であるため

$$\lambda = \pm n$$

でなければならない. 以下, $n > 0$ としてそれぞれの場合を考えよう.

- **$\lambda = n$ の場合**

まず, $x^{\lambda+1}$ の係数を取り出し, $\lambda = n$ を代入すると

$$\lambda(\lambda + 1)c_1 + (\lambda + 1)c_1 - n^2 c_1 = (2n + 1)c_1 = 0$$

となるが, $n > 0$ なので

$$c_1 = 0$$

となる. 次に式 (6.8) の $\lambda + 2$ 以上のベキの係数を取り出して整理すると

$$c_m m(m + 2\lambda) + c_{m-2} = 0$$

を得る. この式から次の漸化式

$$c_m = \frac{-1}{m(2n + m)} c_{m-2}$$

が得られる. $c_0 \neq 0$, $c_1 = 0$ の条件のもとで上の式を順次適用すると

$$c_{2l} = \frac{-1}{2^2 l(n + l)} c_{2l-2}$$
$$= \frac{(-1)^l n!}{2^{2l} l!(n + l)!} c_0 \quad (l = 1, 2, 3, \cdots)$$

$$c_{2l+1} = 0 \qquad (l = 0, 1, 2, 3, \cdots)$$

を得る．したがって，

$$c_0 = \frac{1}{2^n n!}$$

とおくと

$$c_{2l} = \frac{(-1)^l}{2^{2l+n} l! (n+l)!}$$
$$c_{2l+1} = 0$$

となる．これを展開式 (6.7) に代入し，$y(x)$ を改めて $J_n(x)$ と書くと，ベッセルの微分方程式

$$\frac{d^2 J_n(x)}{dx^2} + \frac{1}{x} \frac{dJ_n(x)}{dx} + \left(1 - \frac{n^2}{x^2}\right) J_n(x) = 0$$

の解

$$J_n(x) = \sum_{l=0}^{\infty} \frac{(-1)^l}{2^{2l+n} l! (n+l)!} x^{2l+n}$$

が得られる．これを**第 1 種ベッセル (Bessel) 関数**という．

- **$\lambda = -n$ の場合**
$\lambda = n$ の場合と同様に $x^{\lambda+1}$ 以上のベキの係数を取り出して整理すると

$$c_1(1 - 2n) = 0,$$
$$c_m m(m - 2n) + c_{m-2} = 0$$

を得る．1 つ目の式より $c_1 = 0$ なので，2 つ目の式より c_{2l+1} はすべて 0 になることが分かる．一方，c_{2l} について，2 つ目の漸化式を見ると，$m = 2n$ となるところで

$$c_{2n} \times 0 + c_{2n-2} = 0,$$

つまり，$c_{2n-2} = 0$ という式が得られる．したがって，$c_{2n-2} = c_{2n-4} = \cdots = c_0 = 0$ となってしまう．これは，$c_0 \neq 0$ としたことと矛盾する．ま

た，c_{2n} 以降の係数を漸化式から決定することができるが，これで得られる解は $\lambda = n$ で得られた解とまったく等価なものになることが確認できる．したがって，$\lambda = -n$ の場合からは新たに一次独立な解は得られないことになる．

このように，n が整数のときには，ベッセルの微分方程式の独立な 2 つの解をベキ級数展開で求めることはできない．詳しくは後述するが，このときのもう一つの解は $x = 0$ で正則ではないため，次節で扱う太鼓の膜の振動のように $x = 0$ で正則な解を求めたい場合には考えなくてもよい．

第 1 種ベッセル関数についてもう少し詳しく見てみよう．$J_0(x)$，$J_1(x)$ について展開式を書き下すと

$$J_0(x) = 1 - \frac{1}{2^2(1!)^2}x^2 + \frac{1}{2^4(2!)^2}x^4 - \frac{1}{2^6(3!)^2}x^6 + \frac{1}{2^8(4!)^2}x^8 - \cdots \quad (6.9)$$

$$J_1(x) = \frac{1}{2}x - \frac{1}{2^3 1!2!}x^3 + \frac{1}{2^5 2!3!}x^5 - \frac{1}{2^7 3!4!}x^7 + \frac{1}{2^9 4!5!}x^9 - \cdots \quad (6.10)$$

となる．収束半径は無限大である．$J_0(x)$，$J_1(x)$ のグラフを図 6.1 に示す．また，ベッセル関数の零点の位置（$J_n(x) = 0$ となる x の値）を表 6.1 に示す．$J_0(x)$ の場合，零点の位置は $2.405, 5.520, 8.654, 11.79, 14.93, \cdots$，$J_1(x)$ の場合 $3.832, 7.016, 10.17, 13.32, 16.47, \cdots$ であり，間隔は少しずつ変化しており，高次のベッセル関数の方が零点の位置は大きくなる．以下の円形膜の例を見ると分かるように，ベッセル関数の零点は境界条件を考える際に重要な役割を果たす．

表 6.1　ベッセル関数の零点（小さい方から 5 番目まで）

	$J_0(x)$	$J_1(x)$	$J_2(x)$	$J_3(x)$	$J_4(x)$
1	2.40483	3.83171	5.13562	6.38016	7.58834
2	5.52008	7.01559	8.41724	9.76102	11.06471
3	8.65373	10.17347	11.61984	13.01520	14.37254
4	11.79153	13.32369	14.79595	16.22346	17.61597
5	14.93092	16.47063	17.95982	19.40941	20.82693

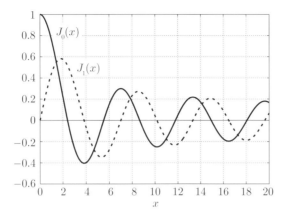

図 6.1　ベッセル関数 $J_0(x)$,　$J_1(x)$ のグラフ

6.4　円形膜 (太鼓) の振動

　ベッセル関数が解となる具体的な問題の例として，円形境界条件が課せられた膜 (太鼓) の振動について考えてみよう．膜の単位面積当たりの質量を ρ，膜の断面の単位長さ当たりに働く張力を T，平衡点からの膜の垂直方向 (z 方向) の変位を $u(x, y)$ とする．まず，図 6.2(a) に示す微小膜辺 $\Delta x \times \Delta y$ の z 方向の運動方程式がどのように表現されるか考える．

　図 6.2(b) に示すように，y 軸に平行な Δy の長さの 2 つの辺に働く張力によって z 方向には

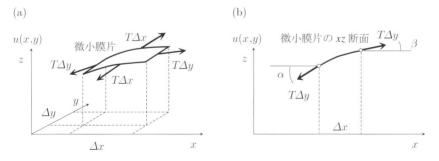

図 6.2　膜に働く力

$$T\Delta y \sin\beta - T\Delta y \sin\alpha$$

の力が生じる．α, β が十分小さければ

$$\sin\alpha \sim \tan\alpha = \frac{\partial u(x,y)}{\partial x}$$

$$\sin\beta \sim \tan\beta = \frac{\partial u(x+\Delta x,y)}{\partial x}$$

と見なせるので

$$T\Delta y \sin\beta - T\Delta y \sin\alpha = T\left[\frac{\partial u(x+\Delta x,y)}{\partial x} - \frac{\partial u(x,y)}{\partial x}\right]\Delta y$$

の力が働くことになる．

同様に x 軸に平行な Δx の長さの 2 つの辺に働く張力によって

$$T\left[\frac{\partial u(x,y+\Delta y)}{\partial y} - \frac{\partial u(x,y)}{\partial y}\right]\Delta x$$

の力が z 方向に生じる．したがって，微小膜辺の 4 辺に働く張力をすべて合わせると

$$F_z = T\left[\frac{\partial u(x+\Delta x,y)}{\partial x} - \frac{\partial u(x,y)}{\partial x}\right]\Delta y$$

$$+T\left[\frac{\partial u(x,y+\Delta y)}{\partial y} - \frac{\partial u(x,y)}{\partial y}\right]\Delta x$$

の力が z 方向に働く．このことから，この微小膜辺の運動方程式は

$$\rho\Delta x\Delta y\frac{\partial^2 u(x,y)}{\partial t^2} = F_z = T\left[\frac{\partial u(x+\Delta x,y)}{\partial x} - \frac{\partial u(x,y)}{\partial x}\right]\Delta y$$

$$+T\left[\frac{\partial u(x,y+\Delta y)}{\partial y} - \frac{\partial u(x,y)}{\partial y}\right]\Delta x$$

となることが分かる．さらに，この式の両辺を $T\Delta x\Delta y$ で割ると

$$\frac{\rho}{T}\frac{\partial^2 u(x,y)}{\partial t^2} = \frac{\left[\frac{\partial u(x+\Delta x,y)}{\partial x} - \frac{\partial u(x,y)}{\partial x}\right]}{\Delta x}$$

$$+\frac{\left[\frac{\partial u(x,y+\Delta y)}{\partial y} - \frac{\partial u(x,y)}{\partial y}\right]}{\Delta y} \tag{6.11}$$

のように表すことができるが，ここで $\Delta x \to 0,\ \Delta y \to 0$ の極限を考えると

$$\frac{\partial f(x,y)}{\partial x} \equiv \lim_{\Delta x \to 0} \frac{f(x+\Delta x,y) - f(x,y)}{\Delta x} \tag{6.12}$$

であるから，$f(x,y) = \frac{\partial u(x,y)}{\partial x}$ を式 (6.12) に代入することで，式 (6.11) の右辺第 1 項は $\frac{\partial^2 u(x,y)}{\partial x^2}$ になり，同様に式 (6.11) の右辺第 2 項は $\frac{\partial^2 u(x,y)}{\partial y^2}$ になる．したがって，膜の各点 (x,y) が従う方程式として，最終的に以下の 2 階の線形微分方程式（波動方程式）を得る．

$$\frac{\rho}{T}\frac{\partial^2 u(x,y)}{\partial t^2} = \frac{\partial^2 u(x,y)}{\partial x^2} + \frac{\partial^2 u(x,y)}{\partial y^2} \tag{6.13}$$

ここで $u(x,y)$ は時間 t の関数であり，また，式 (6.13) は変数分離型になっているので，改めて

$$u(x,y) = u(x,y,t) = U(x,y)P(t)$$

とおき，両辺を $U(x,y)P(t)$ で割ると

$$\frac{\rho}{T}\frac{1}{P(t)}\frac{\partial^2 P(t)}{\partial t^2} = \frac{1}{U(x,y)}\left[\frac{\partial^2 U(x,y)}{\partial x^2} + \frac{\partial^2 U(x,y)}{\partial y^2}\right]$$

のように変形することができる．この式の両辺は互いに独立な変数の関数になっている．したがって両辺が定数になっていない限り，この等式が任意の x,y,t において成立することはない．このときの定数を $-\lambda$ とおくと，

$$\frac{\rho}{T}\frac{\partial^2 P(t)}{\partial t^2} = -\lambda P(t) \tag{6.14}$$

$$\frac{\partial^2 U(x,y)}{\partial x^2} + \frac{\partial^2 U(x,y)}{\partial y^2} = -\lambda U(x,y) \tag{6.15}$$

を得る．ここで，振動解

$$P(t) = \exp(i\omega t)$$

を求めると，式 (6.14) は

$$-\omega^2 \frac{\rho}{T}\exp(i\omega t) = -\lambda \exp(i\omega t)$$

となり，

$$\omega^2 \frac{\rho}{T} = \lambda \quad \rightarrow \quad \omega = \pm\sqrt{\lambda\frac{T}{\rho}} \tag{6.16}$$

となることが分かる．一方，式 (6.15) は式 (6.2) のヘルムホルツ方程式と同じなので，極座標系 (r,θ) で表せば

$$\frac{\partial^2 U}{\partial r^2} + \frac{1}{r}\frac{\partial U}{\partial r} + \frac{1}{r^2}\frac{\partial^2 U}{\partial \theta^2} = -\lambda U$$

となる．この式は 6.2 節で示したように r に関する項と，θ に関する項に分離することができる．したがって，

$$U(r,\theta) = R(r)\Phi(\theta)$$

とおくことで 2 つの微分方程式

$$r^2\frac{d^2 R(r)}{dr^2} + r^2\frac{1}{r}\frac{dR(r)}{dr} + r^2\lambda R(r) = \beta R(r) \tag{6.17}$$

$$-\frac{d^2\Phi(\theta)}{d\theta^2} = \beta\Phi(\theta) \tag{6.18}$$

を得る．ここで β は変数分離したときに現れる定数である．式 (6.18) を解くことで

$$\Phi(\theta) = \cos n\theta, \sin n\theta$$

が得られるが，$\Phi(\theta)$ の一価性 $\Phi(\theta + 2\pi) = \Phi(\theta)$ より，n は整数しか許されない．この $\Phi(\theta)$ を式 (6.18) に代入することで $\beta = n^2$ という関係式が得られる．さらに，この関係式から式 (6.17) の β を消去し，$x \equiv r\sqrt{\lambda}$ となる変数 x を定義して x で式 (6.17) を表すと

$$\frac{d^2 R(x)}{dx^2} + \frac{1}{x}\frac{dR(x)}{dx} + \left(1 - \frac{n^2}{x^2}\right)R(x) = 0$$

を得る．これはベッセルの微分方程式そのものであり，膜の変位 $U(r,\theta) = R(r)\Phi(\theta)$ に含まれる関数 $R(r)$ は，ベッセル関数 $J_n(r\sqrt{\lambda})$ になっていることが分かる．

太鼓の膜の縁は木枠に固定され，その位置で変位 $U(r,\theta)$ は θ によらず 0 になっているので，関数 $R(r)$ は膜の縁の位置で 0 になる必要がある．いま，縁

の位置が $r = r_0$ にあるとすると，$x = r\sqrt{\lambda}$ であるから $x = r_0\sqrt{\lambda}$ の位置で J_n が 0 になるものだけが解として許される．以下では，この解によって与えられる膜の振動が円対称である場合と円対称でない場合を分けて考える．

6.4.1 振動が円対称になっている場合

振動が円対称になっている場合，図 6.3(a), (c), (e) のように θ 依存性がないので $n = 0$ の解のみが許される．したがって，関数 $R(r)$ は 0 次のベッセル関数 $J_0(x)$ で表現されることになる．この $J_0(x)$ の零点の位置は $x = 2.405, 5.520, 8.654, 11.79, 14.93, \cdots$，にあるため，$r_0\sqrt{\lambda} = 2.405, 5.520, 8.654, 11.79, 14.93, \cdots$，を満たすものだけが振動解として現れる．この関係を満たす λ を小さい順に λ_0, $\lambda_1, \lambda_2, \lambda_3, \cdots, \lambda_m, \cdots$ と表すと，λ の値が式 (6.16) より，膜の振動 $\exp(i\omega t)$ の角振動数 ω と

$$\omega = \pm\sqrt{\lambda\frac{T}{\rho}}$$

のように関係しているため，膜の密度 ρ，張力 T，半径 r_0 を用いて

$$\omega_0 = 2.405\frac{1}{r_0}\sqrt{\frac{T}{\rho}}, \quad \omega_1 = 5.520\frac{1}{r_0}\sqrt{\frac{T}{\rho}}, \quad \omega_2 = 8.654\frac{1}{r_0}\sqrt{\frac{T}{\rho}},$$
$$\cdots \quad \omega_m = \sqrt{\lambda_m}\sqrt{\frac{T}{\rho}}$$

で与えられるの振動（音）だけが生じることになる．したがって，膜の振動の一般解は，初期条件によって決まる A_m, B_m という定係数を用いて

$$\begin{aligned}u(r,\theta,t) &= \sum_m \Big[A_m J_0(r\sqrt{\lambda_m})\exp(i\omega_m t) \\ &\quad + B_m J_0(r\sqrt{\lambda_m})\exp(-i\omega_m t)\Big] \\ &= \sum_m \Big[(A_m + B_m)J_0(r\sqrt{\lambda_m})\cos(\omega_m t) \\ &\quad + i(A_m - B_m)J_0(r\sqrt{\lambda_m})\sin(\omega_m t)\Big]\end{aligned}$$

で与えられる．

6.4.2 振動が円対称になっていない場合

膜の中心からずれたところを叩いた場合，図 6.3(b), (d), (f) のように膜の変位は円対称にならないので $\Phi(\theta) = \cos(n\theta)$ と共に $n = 1, 2, 3, \cdots$ の高次のベッセル関数 $J_n(x)$ が $J_0(x)$ に加えて誘起される．例えば，$n = 1$ の場合には $J_1(x)$ の零点の位置が $x = 3.832, 7.016, 10.17, 13.32, 16.47, \cdots$ にあるため，$r_0\sqrt{\lambda}$ がそれらの零点の位置に一致する λ を $\lambda_{1,m}$ として

$$\omega_{1,0} = 3.832\frac{1}{r_0}\sqrt{\frac{T}{\rho}}, \quad \omega_{1,1} = 7.016\frac{1}{r_0}\sqrt{\frac{T}{\rho}}, \quad \omega_{1,2} = 10.17\frac{1}{r_0}\sqrt{\frac{T}{\rho}},$$

$$\cdots \quad \omega_{1,m} = \sqrt{\lambda_{1,m}}\sqrt{\frac{T}{\rho}}$$

で与えられる振動（音）が生じる．したがって，円対称な $n = 0$ の変位の成分の音との完全な不協和音が現れる．一般には n の高次の成分も誘起されるため，n 次のベッセル関数の零点の位置によって決まる λ を $\lambda_{n,m}$ として $\omega_{n,m} = \sqrt{\lambda_{n,m}}\sqrt{\frac{T}{\rho}}$，で与えられる振動（音）が生じ，その振動の一般解は初期条件によって決まる $A_{n,m}, B_{n,m}, C_{n,m}, D_{n,m}$ という定係数を用いて

$$u(r, \theta, t) = \sum_{n,m} J_n(r\sqrt{\lambda_{n,m}})$$
$$\times \{A_{n,m}\cos(n\theta) + B_{n,m}\sin(n\theta)\}\cos(\omega_{n,m}t)$$

$$+ \sum_{n,m} J_n(r\sqrt{\lambda_{n,m}})$$
$$\times \{C_{n,m}\cos(n\theta) + D_{n,m}\sin(n\theta)\}\sin(\omega_{n,m}t)$$

のように表すことができる．以上の振動の具体例を図 6.3 に示すが，細かく波打つ振動ほど，高い周波数で振動することが分かる．

問題6.1　太鼓の音と弦の音の音色の違いは主にどこから生じるのか．考えを述べよ．

問題6.2　太鼓の中心を叩いたときと，縁の付近を叩いたときの音の違い，また，太いバチと細いバチで叩いたときの音の違いの理由を説明せよ．

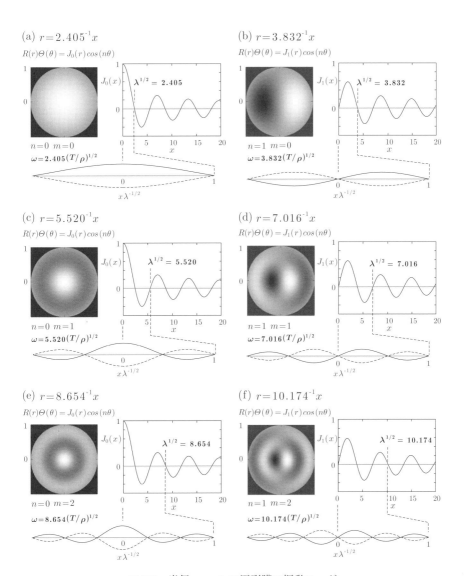

図 6.3 半径 $r_0 = 1$ の円形膜の振動モード

6.5　ベッセル関数の母関数

ベッセル関数 $J_n(x)$ は次の関数

$$\exp\left\{\frac{x}{2}(t-t^{-1})\right\}$$

の t についての展開係数として以下のように表すことができる.

$$e^{\frac{x}{2}(t-t^{-1})} = J_0(x) + \{J_1(x)t + J_{-1}(x)t^{-1}\} + \cdots$$

$$+ \{J_n(x)t^n + J_{-n}(x)t^{-n}\} + \cdots \tag{6.19}$$

$$= \sum_{n=-\infty}^{\infty} J_n(x)t^n \tag{6.20}$$

この左辺の関数をベッセル関数 $J_n(x)$ の**母関数**という. この展開式は以下のようにして確認することができる.

まず, 母関数を 2 つの指数関数の積で表し, t について展開すると

$$e^{\frac{x}{2}(t-t^{-1})}$$

$$= e^{\frac{x}{2}t}e^{-\frac{x}{2}t^{-1}} \tag{6.21}$$

$$= \left(\sum_{n=0}^{\infty}\frac{x^n}{2^n n!}t^n\right)\left(\sum_{n=0}^{\infty}(-1)^n\frac{x^n}{2^n n!}t^{-n}\right) \tag{6.22}$$

$$= \left(1 + \frac{x}{2}t + \frac{x^2}{2^2 2!}t^2 + \frac{x^3}{2^3 3!}t^3 + \frac{x^4}{2^4 4!}t^4 + \cdots\right)$$

$$\times \left(1 - \frac{x}{2}t^{-1} + \frac{x^2}{2^2 2!}t^{-2} - \frac{x^3}{2^3 3!}t^{-3} + \frac{x^4}{2^4 4!}t^{-4} - \cdots\right) \tag{6.23}$$

を得る. t についての 0 次の項は右辺の 2 つの括弧の先頭の項から順番に t の n 次と $-n$ 次の項の取り出して積をとり, それらを足し合わせたものであるから, その値は

$$\sum_{n=0}^{\infty}\frac{(-1)^n}{2^{2n}(n!)^2}x^{2n} \tag{6.24}$$

のようになる. これと $J_0(x)$ の展開式 (6.9) を比べると確かに $J_0(x)$ に等しいことが分かる.

t の 1 次の項は，式 (6.23) 右辺の 2 つの括弧の先頭の項から 1 つずらして順番に t の $n+1$ 次と $-n$ 次の項の取り出して積をとり，それらを足したものであるから

$$\sum_{n=0}^{\infty} \frac{(-1)^n}{2^{2n+1} n! (n+1)!} x^{2n+1}$$

となるが，これも $J_1(x)$ の展開式 (6.10) に等しい．このようにして母関数の展開式 (6.19) を得ることができる．

母関数の展開式 (6.19) には n が負の場合のベッセル関数が現れるが，展開式 (6.23) から，負の次数のベッセル関数 $J_{-n} (n = 1, 2, 3, \cdots)$ は n が正の J_n と次の関係

$$J_{-n}(x) = (-1)^n J_n(x) \qquad (n = 1, 2, 3, \cdots) \tag{6.25}$$

で結び付いていることが分かる．

また，$t = e^{i\theta}$ とおくと

$$t - t^{-1} = 2i \sin \theta$$

$$J_n(x) t^n + J_{-n}(x) t^{-n} = J_n(x)(e^{in\theta} + (-1)^n e^{-in\theta})$$

となるので，これを母関数の展開式 (6.19) に代入すると

$$\begin{aligned}
\cos(x \sin \theta) + i \sin(x \sin \theta) &= J_0(x) + 2i J_1(x) \sin \theta \\
&\quad + 2 J_2(x) \cos 2\theta + 2i J_3(x) \sin 3\theta \\
&\quad + 2 J_4(x) \cos 4\theta + 2i J_5(x) \sin 5\theta \\
&\quad + \cdots
\end{aligned}$$

を得る．この式は $e^{ix \sin \theta}$ をフーリエ級数展開したときの展開係数が $2 J_n(x)$ で与えられることを意味している．したがって，フーリエ係数を求める式より

$$J_{2l}(x) = \frac{1}{\pi} \int_0^\pi \cos(x \sin \theta) \cos(2l\theta)\, d\theta \qquad (l = 0, 1, 2, 3, \cdots)$$

$$J_{2l+1}(x) = \frac{1}{\pi} \int_0^\pi \sin(x \sin \theta) \sin\{(2l+1)\theta\}\, d\theta \qquad (l = 0, 1, 2, 3, \cdots)$$

という関係式を得ることができる．これを**ベッセル関数の積分表示**という．

問題 6.3 ベキ級数 $y(x) = 1 - x^2/(2!!)^2 + x^4/(4!!)^2 - x^6/(6!!)^2 + x^8/(8!!)^2 - \cdots$ が $n = 0$ のベッセルの微分方程式 $y'' + y'/x + y = 0$ の解になっていることを示せ．ただし，$(2n)!! = 2 \cdot 4 \cdot 6 \cdots 2n$ である．

問題 6.4 ベッセル関数の母関数 $e^{x(t-1/t)/2}$ を t について展開し，その 0 次の項が問題 6.3 のベキ級数に一致することを確認せよ．

問題 6.5 ベッセル関数の母関数表記を用いて，平面波のベッセル関数による展開

$$e^{iz\cos\theta} = \sum_{n=-\infty}^{\infty} i^n J_n(z) e^{in\theta}$$

を示せ．

6.6　ガンマ関数

次節で述べる n が整数でない場合のベッセル関数を表現するには，次の式で定義される**ガンマ関数** $\Gamma(s)$ を用いると便利である．

$$\Gamma(s) = \int_0^\infty e^{-x} x^{s-1} \, dx \qquad (s > 0)$$

この関数を部分積分によって変形すると

$$\begin{aligned}
\int_0^\infty e^{-x} x^{s-1} \, dx = \int_0^\infty \left\{ \frac{d}{dx} \left(-e^{-x} x^{s-1} \right) \right\} dx \\
+ (s-1) \int_0^\infty e^{-x} x^{s-2} \, dx
\end{aligned} \tag{6.26}$$

となる．$e^{-x} x^{s-1}$ は $x \to \infty$ で 0 になり，$s > 1$ であれば $e^{-x} x^{s-1}$ は $x = 0$ でも 0 になるため，$s > 1$ に対して

$$\Gamma(s) = (s-1)\Gamma(s-1) \tag{6.27}$$

が成り立つ．$s = 1$ のとき

$$\Gamma(1) = \int_0^\infty e^{-x} \, dx = 1$$

であるから，n を正の整数とすると

$$\Gamma(2) = 1, \quad \Gamma(3) = 2!, \quad \Gamma(4) = 3!, \quad \cdots, \quad \Gamma(n) = (n-1)!$$

となる．したがって，ガンマ関数 $\Gamma(s)$ は階乗 $n!$ を実数 s に対して拡張したものと考えることができる．

一例として $\Gamma(1/2)$ を求めてみると

$$\Gamma(1/2) = \int_0^\infty e^{-x} x^{-1/2} \, dx$$

であるが，$x = \xi^2$ とおいて変数変換を行い $x^{-1/2} = \xi^{-1}$, $dx = 2\xi d\xi$ であることに注意すると

$$\Gamma(1/2) = 2\int_0^\infty e^{-\xi^2} d\xi = \int_{-\infty}^\infty e^{-\xi^2} d\xi$$

と変形できる．このとき右辺に現れる積分の値は式 (2.50) より $\sqrt{\pi}$ であるため

$$\Gamma(1/2) = \sqrt{\pi} \tag{6.28}$$

であることが分かる．

$\Gamma(3/2)$ については式 (6.27) より

$$\Gamma(3/2) = \left(\frac{3}{2} - 1\right)\Gamma(3/2 - 1)$$
$$= \frac{1}{2}\Gamma(1/2)$$

であるため，式 (6.28) の結果を用いて

$$\Gamma(3/2) = \frac{\sqrt{\pi}}{2}$$

を得る．

s が負の場合の $\Gamma(s)$ は，漸化式 (6.27) が $s-1$ が負の場合にも成り立つものとして

$$\Gamma(s-1) = (s-1)^{-1}\Gamma(s) \tag{6.29}$$

によって得られる値をもつものとして定義する．例えば $\Gamma(-5/2)$ の値は正の引

数をもつ $\Gamma(1/2)$ から順番に式 (6.29) を適用して得られる値

$$\Gamma(-5/2) = (-5/2)^{-1} \cdot (-3/2)^{-1} \cdot (-1/2)^{-1} \cdot \Gamma(1/2)$$

で定義される．したがって，$\Gamma(0)$ は発散し，図 6.4 に示すように $\Gamma(0)^{-1} = \Gamma(-1)^{-1} = \Gamma(-2)^{-1} = \cdots = 0$ になる．

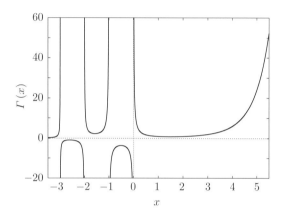

図 6.4　ガンマ関数 $\Gamma(x)$ のグラフ

問題 6.6　$\Gamma(s) = (s-1)\Gamma(s-1)$ を示せ．このことを用いて，$\Gamma(-3/2)$ を $\Gamma(1/2)$ より求めよ．

6.7　n が任意の実数の場合のベッセル関数

ベッセルの微分方程式

$$\frac{d^2 y(x)}{dx^2} + \frac{1}{x}\frac{dy(x)}{dx} + \left(1 - \frac{n^2}{x^2}\right) y(x) = 0$$

において n が整数ではない実数の場合の解について考えてみよう．

以下では，整数でない n を ν で表し，n と区別して考える．$y(x)$ を $c_0 \neq 0$ として

$$y(x) = \sum_{m=0}^{\infty} c_m x^{m+\lambda} \tag{6.30}$$

のようにベキ級数展開し，n を ν に置き換えた上の方程式に x^2 をかけて代入すると次の式を得る.

$$\sum_{m=0}^{\infty}(m+\lambda)(m+\lambda-1)c_m x^{m+\lambda} + \sum_{m=0}^{\infty}(m+\lambda)c_m x^{m+\lambda}$$

$$+ \sum_{m=0}^{\infty}c_m x^{m+\lambda+2} - \nu^2 \sum_{m=0}^{\infty}c_m x^{m+\lambda} = 0$$

これは，ν が整数の場合の条件式 (6.8) と同じである．したがって，ν が整数のときと同様に

$$\lambda = \pm\nu$$

が得られる．$\lambda = \nu$ の場合の係数 c_m を求めると

$$c_1 = 0$$
$$c_m = \frac{-1}{m(2\nu+m)}\,c_{m-2} \qquad (m>1)$$

を得る．$c_0 \neq 0$，$c_1 = 0$ の条件のもとで上の式を順次適用すると，$\Gamma(\nu+l+1)/\Gamma(\nu+l) = (\nu+l)$ より

$$c_{2l} = \frac{-1}{2^2 l(\nu+l)}c_{2l-2}$$
$$= \frac{-\Gamma(\nu+l)}{2^2 l\Gamma(\nu+l+1)}c_{2l-2}$$
$$= \frac{(-1)^l \Gamma(\nu+1)}{2^{2l}l!\Gamma(\nu+l+1)}c_0 \quad (l=1,2,3,\cdots)$$
$$c_{2l+1} = 0 \qquad\qquad\qquad (l=0,1,2,3,\cdots)$$

を得る．したがって

$$c_0 = \frac{1}{2^\nu \Gamma(\nu+1)}$$

とおくと

$$c_{2l} = \frac{(-1)^l}{2^{2l+\nu}l!\Gamma(\nu+l+1)}$$
$$c_{2l+1} = 0$$

となり，これを展開式 (6.30) に代入し，$y(x)$ を $J_\nu(x)$ と書くと，ベッセルの微分方程式

$$\frac{\partial^2 J_\nu(x)}{\partial x^2} + \frac{1}{x}\frac{\partial J_\nu(x)}{\partial x} + \left(1 - \frac{\nu^2}{x^2}\right) J_\nu(x) = 0$$

の解

$$J_\nu(x) = \sum_{l=0}^{\infty} \frac{(-1)^l}{2^{2l+\nu} l! \Gamma(\nu + l + 1)} x^{2l+\nu} \tag{6.31}$$

が得られる.

次に $\lambda = -\nu$ の場合の係数 c_m を求めると，$c_0 \neq 0$ として

$$c_1 = 0$$
$$c_m = \frac{-1}{m(-2\nu + m)} c_{m-2} \qquad (m > 1)$$

を得る. したがって，$\Gamma(-\nu + l + 1)/\Gamma(-\nu + l) = (-\nu + l)$ より

$$
\begin{aligned}
c_{2l} &= \frac{-1}{2^2 l(-\nu + l)} c_{2l-2} \\
&= \frac{-\Gamma(-\nu + l)}{2^2 l \Gamma(-\nu + l + 1)} c_{2l-2} \\
&= \frac{(-1)^l \Gamma(-\nu + 1)}{2^{2l} l! \Gamma(-\nu + l + 1)} c_0 \quad (l = 1, 2, 3, \cdots) \\
c_{2l+1} &= 0 \qquad\qquad\qquad\qquad (l = 0, 1, 2, 3, \cdots)
\end{aligned}
$$

となるため

$$c_0 = \frac{1}{2^{-\nu} \Gamma(-\nu + 1)}$$

とおくと

$$
\begin{aligned}
c_{2l} &= \frac{(-1)^l}{2^{2l-\nu} l! \Gamma(-\nu + l + 1)} \\
c_{2l+1} &= 0
\end{aligned}
$$

となり，これを展開式 (6.30) に代入することで

$$J_{-\nu}(x) = \sum_{l=0}^{\infty} \frac{(-1)^l}{2^{2l-\nu} l! \Gamma(-\nu+l+1)} x^{2l-\nu}$$

が得られる. これは $J_\nu(x)$ の展開式 (6.31) で ν を $-\nu$ に置き換えたものに等しい.

6.8 　第 2 種, 第 3 種のベッセル関数

ベッセル関数 $J_\nu(x)$ の次数 ν が整数でない場合 $J_\nu(x)$ と $J_{-\nu}(x)$ は独立であり, 両者の線型結合

$$C_1 J_\nu(x) + C_2 J_{-\nu}(x)$$

がベッセルの微分方程式の一般解となる. しかし, ベッセル関数 $J_\nu(x)$ の次数 ν が整数の場合, 式 (6.25) より

$$J_{-n}(x) = (-1)^n J_n(x) \qquad (n = 1, 2, 3, \cdots)$$

が成り立つため, $J_n(x)$ と $J_{-n}(x)$ は独立でない. したがって, $J_n(x)$ 以外の解が存在するはずである.

ベッセル関数 $J_\nu(x)$ の次数 ν が整数の場合のもう 1 つの独立な解は

$$N_n(x) = Y_n(x) = \lim_{\nu \to n} \frac{1}{\sin \nu\pi} \{\cos \nu\pi \, J_\nu(x) - J_{-\nu}(x)\} \qquad (6.32)$$

であり, **第 2 種ベッセル関数** $Y_n(x)$ あるいは**ノイマン関数** $N_n(x)$ と呼ばれる. この関数は $\nu \to n$ の極限で分母, 分子が共に 0 になるため, 分母, 分子の微分の比として求めることができる [1]. 式 (6.32) の右辺分母を ν で微分すると $\pi \cos(n\pi)$ が得られるが, その絶対値は定数になる. また, その分子を ν で微分するとベッセル関数に含まれる $x^{2l+\nu}$ の指数部に ν が含まれているため $\frac{d}{d\nu} x^\nu = \frac{d}{d\nu} e^{\nu \log x} = x^\nu \log x$ の項が現れる. このことから, 第 2 種ベッセル関数における $\log x$ の特異性の存在が分かる.

---

1) ある点 a の周りで微分可能な関数 $f(x), g(x)$ があり, $\lim_{x \to a} f(x)$ および $\lim_{x \to a} g(x)$ が共に 0 または発散するとする. このとき, $\lim_{x \to a} \frac{f'(x)}{g'(x)}$ で定義される値が存在し, また $x = a$ の十分近傍で $g'(x) \neq 0$ であるならば, $\lim_{x \to a} \frac{f(x)}{g(x)} = \lim_{x \to a} \frac{f'(x)}{g'(x)}$ となる. これをロピタルの定理という.

また，第 1 種ベッセル関数 $J_n(x)$ と第 2 種ベッセル関数 $Y_n(x)$ の線型結合より，次の複素関数

$$H_n^{(1)}(x) = J_n(x) + iY_n(x)$$

$$H_n^{(2)}(x) = J_n(x) - iY_n(x)$$

を定義することができる．これらの関数を**第 3 種ベッセル関数**，あるいは**ハンケル関数**と呼ぶ．

6.9　ベッセル関数の漸化式

ベッセル関数 J_ν の展開式に $x^{-\nu}$ をかけたもの

$$x^{-\nu}J_\nu(x) = \sum_{l=0}^{\infty} \frac{(-1)^l}{2^{2l+\nu}l!\Gamma(\nu+l+1)}x^{2l}$$

の両辺を x で微分すると

$$
\begin{aligned}
&\frac{d}{dx}\left(x^{-\nu}J_\nu(x)\right) \\
&= \sum_{l=1}^{\infty} \frac{2l(-1)^l}{2^{2l+\nu}l!\Gamma(\nu+l+1)}x^{2l-1} \\
&= -\frac{x}{2}\sum_{l=1}^{\infty} \frac{(-1)^{l-1}}{2^{2(l-1)+\nu}(l-1)!\Gamma(\nu+l+1)}x^{2(l-1)} \\
&= -\frac{x}{2}\sum_{l=0}^{\infty} \frac{(-1)^l}{2^{2l+\nu}l!\Gamma(\nu+l+2)}x^{2l} \\
&= -x\sum_{l=0}^{\infty} \frac{(-1)^l}{2^{2l+(\nu+1)}l!\Gamma((\nu+1)+l+1)}x^{2l} \\
&= -x\left(x^{-(\nu+1)}\right)\left\{\sum_{l=0}^{\infty} \frac{(-1)^l}{2^{2l+(\nu+1)}l!\Gamma((\nu+1)+l+1)}x^{2l+(\nu+1)}\right\} \\
&= -x^{-\nu}J_{\nu+1}(x) \qquad\qquad (6.33)
\end{aligned}
$$

を得る．

同様にベッセル関数 J_ν の展開式に x^ν $(\nu \neq 0)$ をかけたもの

$$x^\nu J_\nu(x) = \sum_{l=0}^\infty \frac{(-1)^l}{2^{2l+\nu} l! \Gamma(\nu+l+1)} x^{2l+2\nu}$$

の両辺を x で微分すると

$$\begin{aligned}
\frac{d}{dx}\left(x^\nu J_\nu(x)\right) &= \sum_{l=0}^\infty \frac{2(l+\nu)(-1)^l}{2^{2l+\nu} l! \Gamma(\nu+l+1)} x^{2l+2\nu-1} \\
&= \sum_{l=0}^\infty \frac{(-1)^l}{2^{2l+\nu-1} l! \Gamma(\nu+l)} x^{2l+2\nu-1} \\
&= x^\nu \sum_{l=0}^\infty \frac{(-1)^l}{2^{2l+\nu-1} l! \Gamma((\nu-1)+l+1)} x^{2l+\nu-1} \\
&= x^\nu J_{\nu-1}(x) \tag{6.34}
\end{aligned}$$

を得る.

式 (6.33),式 (6.34) を書き直すと

$$\begin{aligned}
\frac{d}{dx}\left(x^{-\nu} J_\nu(x)\right) &= -\frac{\nu}{x} x^{-\nu} J_\nu(x) + x^{-\nu} \frac{d}{dx} J_\nu(x) \\
&= -x^{-\nu} J_{\nu+1}(x) \\
\frac{d}{dx}\left(x^\nu J_\nu(x)\right) &= \frac{\nu}{x} x^\nu J_\nu(x) + x^\nu \frac{d}{dx} J_\nu(x) \\
&= x^\nu J_{\nu-1}(x)
\end{aligned}$$

となるため,次の関係式

$$-\frac{\nu}{x} J_\nu(x) + \frac{d}{dx} J_\nu(x) = -J_{\nu+1}(x)$$

$$\frac{\nu}{x} J_\nu(x) + \frac{d}{dx} J_\nu(x) = J_{\nu-1}(x)$$

が得られる. 両式の和および差よりそれぞれ J_ν,$\frac{d}{dx} J_\nu(x)$ を消去すると

$$2\frac{d}{dx} J_\nu(x) = J_{\nu-1}(x) - J_{\nu+1}(x) \tag{6.35}$$

$$\frac{2\nu}{x} J_\nu(x) = J_{\nu-1}(x) + J_{\nu+1}(x) \tag{6.36}$$

が得られる. これらの式は異なるベッセル関数の間の関係を表しているので**ベッセル関数の漸化式**と呼ばれる.

問題 6.7 $J_0(x)$ を微分すると 1 次のベッセル関数 $-J_1(x)$ が得られることを漸化式 (6.35) と $J_{-n}(x) = (-1)^n J_n(x)$ (n は整数) の関係より確認せよ.

問題 6.8 ベッセル関数の母関数表記 (6.20) を用いると, 整数次のベッセル関数に対して式 (6.35), 式 (6.36) の漸化式が成り立つことを示すことができる. 式 (6.20) の t 微分および x 微分を考えることにより, この漸化式を示せ.

6.10 ベッセル関数の漸近形

ここで, x が大きいときのベッセル関数の関数形を調べてみよう. このようにある極限で近似的に等しくなる関数形を漸近形という.

$$y(x) = \sqrt{x} J_n(x)$$

とおいて d^2y/dx^2 を計算すると

$$
\begin{aligned}
\frac{d^2 y(x)}{dx^2} &= \frac{d}{dx}\left(\frac{1}{2}\frac{1}{\sqrt{x}}J_n(x) + \sqrt{x}\frac{dJ_n(x)}{dx}\right) \\
&= -\frac{1}{4}\frac{1}{x\sqrt{x}}J_n(x) + \frac{1}{\sqrt{x}}\frac{dJ_n(x)}{dx} + \sqrt{x}\frac{d^2 J_n(x)}{dx^2} \quad (6.37)
\end{aligned}
$$

を得る. 式 (6.37) の右辺第 2 項と第 3 項は $J_n(x)$ がベッセルの微分方程式の解であることを用いると次のように変形される.

$$
\begin{aligned}
\frac{1}{\sqrt{x}}\frac{dJ_n(x)}{dx} + \sqrt{x}\frac{d^2 J_n(x)}{dx^2} &= \sqrt{x}\left(\frac{d^2 J_n(x)}{dx^2} + \frac{1}{x}\frac{dJ_n(x)}{dx}\right) \\
&= -\sqrt{x}\left(1 - \frac{n^2}{x^2}\right)J_n(x) \\
&= -\left(1 - \frac{n^2}{x^2}\right)y(x)
\end{aligned}
$$

これを式 (6.37) に代入すると

$$
\begin{aligned}
\frac{d^2 y(x)}{dx^2} &= -\frac{1}{4}\frac{1}{x^2}y(x) - \left(1 - \frac{n^2}{x^2}\right)y(x) \\
&= -\left(1 - \frac{4n^2 - 1}{4x^2}\right)y(x)
\end{aligned}
$$

を得る. $x \gg 1$ のとき, 括弧の中の $1/x^2$ の項は 1 に対して無視できるので $y(x)$

の解として

$$y(x) = \sqrt{x} J_n(x) \sim \cos(x + \alpha) \qquad (x \gg 1)$$

を得る．したがって，$J_n(x)$ の漸近形は

$$J_n(x) \propto \frac{1}{\sqrt{x}} \cos(x + \alpha) \qquad (x \gg 1)$$

となる．定数 α は x が小さいところの解と連続的につながるように決まる．その解析から第 1 種ベッセル関数 $J_n(x)$ の x が大きいときの漸近形として

$$J_n(x) \sim \left(\frac{2}{\pi x} \right)^{\frac{1}{2}} \cos \left(x - n\frac{\pi}{2} - \frac{\pi}{4} \right)$$

が得られる．

また第 2 種ベッセル関数 $Y_n(x)$ の x が大きいときの漸近形は

$$Y_n(x) \sim \left(\frac{2}{\pi x} \right)^{\frac{1}{2}} \sin \left(x - n\frac{\pi}{2} - \frac{\pi}{4} \right)$$

である．これらの漸近形を用いて第 3 種ベッセル関数の漸近形を求めると，$H_n^{(1)}(x) = J_n(x) + iY_n(x)$, $H_n^{(2)}(x) = J_n(x) - iY_n(x)$ より

$$H_n^{(1)}(x) \sim \left(\frac{2}{\pi x} \right)^{\frac{1}{2}} \exp \left\{ i \left(x - n\frac{\pi}{2} - \frac{\pi}{4} \right) \right\}$$

$$H_n^{(2)}(x) \sim \left(\frac{2}{\pi x} \right)^{\frac{1}{2}} \exp \left\{ -i \left(x - n\frac{\pi}{2} - \frac{\pi}{4} \right) \right\}$$

を得る．

6.11 球ベッセル関数

これまでは，2 次元極座標におけるベッセル関数について述べてきた．ここでは，3 次元極座標における微分方程式の解の中にも，ベッセル関数が現れることを説明する．

まず，図 6.5 に示す r, θ, ϕ で表される 3 次元極座標

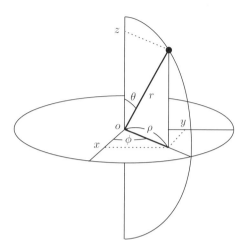

図 6.5　3 次元極座標系

$$x = r \sin \theta \cos \phi$$

$$y = r \sin \theta \sin \phi$$

$$z = r \cos \theta$$

でのラプラシアンを求める．r, θ, ϕ に関する微分を考えると

$$\frac{\partial}{\partial r} = \frac{\partial}{\partial x}\frac{\partial x}{\partial r} + \frac{\partial}{\partial y}\frac{\partial y}{\partial r} + \frac{\partial}{\partial z}\frac{\partial z}{\partial r} = \sin \theta \cos \phi \frac{\partial}{\partial x} + \sin \theta \sin \phi \frac{\partial}{\partial y} + \cos \theta \frac{\partial}{\partial z}$$

$$\frac{\partial}{\partial \theta} = \frac{\partial}{\partial x}\frac{\partial x}{\partial \theta} + \frac{\partial}{\partial y}\frac{\partial y}{\partial \theta} + \frac{\partial}{\partial z}\frac{\partial z}{\partial \theta} = r \cos \theta \cos \phi \frac{\partial}{\partial x} + r \cos \theta \sin \phi \frac{\partial}{\partial y}$$
$$- r \sin \theta \frac{\partial}{\partial z}$$

$$\frac{\partial}{\partial \phi} = \frac{\partial}{\partial x}\frac{\partial x}{\partial \phi} + \frac{\partial}{\partial y}\frac{\partial y}{\partial \phi} + \frac{\partial}{\partial z}\frac{\partial z}{\partial \phi} = -r \sin \theta \sin \phi \frac{\partial}{\partial x} + r \sin \theta \cos \phi \frac{\partial}{\partial y}$$

となる．これを行列の形で表すと

$$\begin{pmatrix} \frac{\partial}{\partial r} \\ \frac{1}{r}\frac{\partial}{\partial \theta} \\ \frac{1}{r \sin \theta}\frac{\partial}{\partial \phi} \end{pmatrix} = \begin{pmatrix} \sin \theta \cos \phi & \sin \theta \sin \phi & \cos \theta \\ \cos \theta \cos \phi & \cos \theta \sin \phi & -\sin \theta \\ -\sin \phi & \cos \phi & 0 \end{pmatrix} \begin{pmatrix} \frac{\partial}{\partial x} \\ \frac{\partial}{\partial y} \\ \frac{\partial}{\partial z} \end{pmatrix} \qquad (6.38)$$

のようになる．ここで，2次元のときと同様に ∇ をベクトルで表記することを考える．式 (6.38) の変換行列が直交行列になっていることから，逆行列が転置によって得られることと，3次元極座標の基底ベクトルが

$$
\boldsymbol{e}_r = \begin{pmatrix} \sin\theta\cos\phi \\ \sin\theta\sin\phi \\ \cos\theta \end{pmatrix}, \quad
\boldsymbol{e}_\theta = \begin{pmatrix} \cos\theta\cos\phi \\ \cos\theta\sin\phi \\ -\sin\theta \end{pmatrix}, \quad
\boldsymbol{e}_\phi = \begin{pmatrix} -\sin\phi \\ \cos\phi \\ 0 \end{pmatrix}
$$

であることを利用すると

$$
\nabla = \begin{pmatrix} \frac{\partial}{\partial x} \\ \frac{\partial}{\partial y} \\ \frac{\partial}{\partial z} \end{pmatrix} = \begin{pmatrix} \sin\theta\cos\phi & \cos\theta\cos\phi & -\sin\phi \\ \sin\theta\sin\phi & \cos\theta\sin\phi & \cos\phi \\ \cos\theta & -\sin\theta & 0 \end{pmatrix} \begin{pmatrix} \frac{\partial}{\partial r} \\ \frac{1}{r}\frac{\partial}{\partial\theta} \\ \frac{1}{r\sin\theta}\frac{\partial}{\partial\phi} \end{pmatrix}
$$

$$
= \boldsymbol{e}_x\frac{\partial}{\partial x} + \boldsymbol{e}_y\frac{\partial}{\partial y} + \boldsymbol{e}_z\frac{\partial}{\partial z} = \boldsymbol{e}_r\frac{\partial}{\partial r} + \boldsymbol{e}_\theta\frac{1}{r}\frac{\partial}{\partial\theta} + \boldsymbol{e}_\phi\frac{1}{r\sin\theta}\frac{\partial}{\partial\phi}
$$

となることが分かる．また，2次元のときと同様に，$\boldsymbol{e}_r, \boldsymbol{e}_\theta, \boldsymbol{e}_\phi$ の微分

$$
\frac{\partial\boldsymbol{e}_r}{\partial\theta} = \boldsymbol{e}_\theta, \qquad \frac{\partial\boldsymbol{e}_\theta}{\partial\theta} = -\boldsymbol{e}_r, \qquad \frac{\partial\boldsymbol{e}_\phi}{\partial\theta} = 0
$$

$$
\frac{\partial\boldsymbol{e}_r}{\partial\phi} = \sin\theta\,\boldsymbol{e}_\phi, \quad \frac{\partial\boldsymbol{e}_\theta}{\partial\phi} = \cos\theta\,\boldsymbol{e}_\phi, \quad \frac{\partial\boldsymbol{e}_\phi}{\partial\phi} = -\sin\theta\,\boldsymbol{e}_r - \cos\theta\,\boldsymbol{e}_\theta
$$

を考慮して，微分の後の方向に注意して内積を計算すると，最終的に3次元極座標でのラプラシアンが次のように得られる．

$$
\nabla\cdot\nabla
$$
$$
= \left(\boldsymbol{e}_r\frac{\partial}{\partial r} + \boldsymbol{e}_\theta\frac{1}{r}\frac{\partial}{\partial\theta} + \boldsymbol{e}_\phi\frac{1}{r\sin\theta}\frac{\partial}{\partial\phi} \right) \cdot \left(\boldsymbol{e}_r\frac{\partial}{\partial r} + \boldsymbol{e}_\theta\frac{1}{r}\frac{\partial}{\partial\theta} + \boldsymbol{e}_\phi\frac{1}{r\sin\theta}\frac{\partial}{\partial\phi} \right)
$$
$$
= \frac{\partial^2}{\partial r^2} + \frac{2}{r}\frac{\partial}{\partial r} + \frac{1}{r^2}\left(\frac{1}{\sin\theta}\frac{\partial}{\partial\theta}\left(\sin\theta\frac{\partial}{\partial\theta} \right) + \frac{1}{\sin^2\theta}\frac{\partial^2}{\partial\phi^2} \right).
$$

次に，3次元極座標系でのヘルムホルツ方程式

$$
\nabla^2 f + \lambda f = 0
$$

の解を $f(r,\theta,\phi) = R(r)Y(\theta,\phi)$ とおいて変数分離法を用いて $R(r), Y(\theta,\phi)$ が満たす方程式を求めよう．

f に $R(r)Y(\theta, \phi)$ を代入すると

$$Y(\theta, \phi)\frac{\partial^2 R(r)}{\partial r^2} + Y(\theta, \phi)\frac{2}{r}\frac{\partial R(r)}{\partial r} + R(r)\frac{1}{r^2 \sin\theta}\frac{\partial}{\partial \theta}\left(\sin\theta\frac{\partial Y(\theta, \phi)}{\partial \theta}\right)$$

$$+R(r)\frac{1}{r^2 \sin^2\theta}\frac{\partial^2 Y(\theta, \phi)}{\partial \phi^2} = -\lambda R(r)Y(\theta, \phi)$$

を得るが，両辺を $R(r)Y(\theta, \phi)$ で割り，r^2 をかけることで

$$\frac{r^2}{R(r)}\frac{\partial^2 R(r)}{\partial r^2} + \frac{2r}{R(r)}\frac{\partial R(r)}{\partial r} + \lambda r^2$$

$$= -\frac{1}{Y(\theta, \phi)}\frac{1}{\sin\theta}\frac{\partial}{\partial \theta}\left(\sin\theta\frac{\partial Y(\theta, \phi)}{\partial \theta}\right) - \frac{1}{Y(\theta, \phi)}\frac{1}{\sin^2\theta}\frac{\partial^2 Y(\theta, \phi)}{\partial \phi^2}$$

のように変形することができる．等号の両辺はそれぞれ独立な変数の関数になっているため，この等式が，変数の値によらず成り立つためには両辺が定数になっている必要がある．この値を $\nu(\nu+1)$ とおくと

$$\frac{r^2}{R(r)}\frac{\partial^2 R(r)}{\partial r^2} + \frac{2r}{R(r)}\frac{\partial R(r)}{\partial r} + \lambda r^2 = \nu(\nu+1) \tag{6.39}$$

$$\frac{1}{Y(\theta, \phi)}\frac{1}{\sin\theta}\frac{\partial}{\partial \theta}\left(\sin\theta\frac{\partial Y(\theta, \phi)}{\partial \theta}\right) + \frac{1}{Y(\theta, \phi)}\frac{1}{\sin^2\theta}\frac{\partial^2 Y(\theta, \phi)}{\partial \phi^2} = -\nu(\nu+1) \tag{6.40}$$

が成り立たなければならない．

定数を $\nu(\nu+1)$ とする理由は，7.2 節で述べるように $Y(\theta, \phi)$ が θ, ϕ に対して一価で正則であるという条件から ν が整数でなければならない，という結論が得られるからである．したがって，以降 ν は整数として，$\nu = n$ とおく．$Y(\theta, \phi)$ については次章で扱うので，以下では，微分方程式 (6.39) に対する解 $R(r)$ を考える．

ここで改めて，$x = \sqrt{\lambda} r$ とおいて式 (6.39) を書き直すと

$$x^2\frac{\partial^2 R(x)}{\partial x^2} + 2x\frac{\partial R(x)}{\partial x} + (x^2 - n(n+1))R(x) = 0$$

という微分方程式が得られるが，これが**球ベッセル微分方程式**と呼ばれるものである．

この方程式の解を求めるために，さらに $R(x) = X(x)/\sqrt{x}$ とおいて微分方程式を書き直してみよう．

$$\frac{\partial R(x)}{\partial x} = \frac{1}{\sqrt{x}}\frac{\partial X}{\partial x} - \frac{1}{2}x^{-3/2}X$$

$$\frac{\partial^2 R(x)}{\partial x^2} = \frac{1}{\sqrt{x}}\frac{\partial^2 X}{\partial x^2} - x^{-3/2}\frac{\partial X}{\partial x} + \frac{3}{4}x^{-5/2}X$$

を代入すると，$X(x)$ に対する方程式は

$$x^2\frac{\partial^2 X(x)}{\partial x^2} + x\frac{\partial X(x)}{\partial x} + (x^2 - (n+\frac{1}{2})^2)X(x) = 0$$

となるが，これは $n \to n+1/2$ としたベッセルの微分方程式 (6.6) と同じ形になっている．したがって，球ベッセル微分方程式の解は

$$j_n(x) = \left(\frac{2\pi}{x}\right)^{1/2}J_{n+1/2}(x)$$

$$y_n(x) = \left(\frac{2\pi}{x}\right)^{1/2}Y_{n+1/2}(x)$$

のように表すことができる．これらは，それぞれ**球ベッセル関数**，**球ノイマン関数**と呼ばれ，3 次元極座標の動径方向の解がベッセル関数で表現されることを示している．

第 **7** 章
ルジャンドル関数

　相互作用の強さが距離だけで決まるクーロン相互作用のように，相互作用ポテンシャルに角度依存性がない場合には，球対称な微分方程式を使って問題を解くことができる．このとき，動径方向の微分方程式にはポテンシャルエネルギーからの寄与が加わるために，変数 r を含む解はポテンシャル形状に依存したものになる．しかし，相互作用ポテンシャルに θ, ϕ 依存性がなければ，変数分離した後に残る θ, ϕ に関する微分方程式はポテンシャル形状によらないものになる．

　本章では，このような中心力場中の θ, ϕ に関する微分方程式とその解であるルジャンドル関数と球面調和関数について説明する．

7.1　ルジャンドルの微分方程式

　球ベッセル関数（6.11 節）が動径方向の解になる 3 次元極座標表示におけるヘルムホルツ方程式

$$\nabla^2 f - \lambda f = 0 \tag{7.1}$$

についてもう一度考えよう．変数分離法を用いて解を $f(r, \theta, \phi) = R(r)Y(\theta, \phi)$ と表し，3 次元極座標においてラプラシアンが

$$\nabla \cdot \nabla = \frac{\partial^2}{\partial r^2} + \frac{2}{r}\frac{\partial}{\partial r} + \frac{1}{r^2}\left(\frac{1}{\sin\theta}\frac{\partial}{\partial \theta}\left(\sin\theta\frac{\partial}{\partial \theta}\right) + \frac{1}{\sin^2\theta}\frac{\partial^2}{\partial \phi^2}\right)$$

とかけることを用いると，$Y(\theta, \phi)$ に対する方程式は，式 (6.40)，すなわち

$$\frac{1}{Y(\theta,\phi)}\frac{1}{\sin\theta}\frac{\partial}{\partial\theta}\left(\sin\theta\frac{\partial Y(\theta,\phi)}{\partial\theta}\right) + \frac{1}{Y(\theta,\phi)}\frac{1}{\sin^2\theta}\frac{\partial^2 Y(\theta,\phi)}{\partial\phi^2} = -\nu(\nu+1)$$

$$(7.2)$$

で表される．ここで，$\nu(\nu+1)$ は任意の値をとりうる定数である．

はじめに，$Y(\theta,\phi)$ の解として $Y(\theta,\phi)$ が z 軸を対称軸とする対称性をもつ場合を考えよう．このとき，$Y(\theta,\phi)$ は θ のみの関数となり，ϕ での微分が 0 になるので，式 (7.2) は

$$\frac{1}{\sin\theta}\frac{d}{d\theta}\left(\sin\theta\frac{dY(\theta)}{d\theta}\right) + \nu(\nu+1)Y(\theta) = 0 \qquad (7.3)$$

となる．この式は $x = \cos\theta$ とおくと，$dx = -\sin\theta d\theta = -\sqrt{1-x^2}d\theta$ であるから，$Y(\theta) = y(x)$ とおくと

$$\frac{d}{dx}\left((1-x^2)\frac{dy(x)}{dx}\right) + \nu(\nu+1)y(x) = 0 \qquad (7.4)$$

のように表すことができる．これを**ルジャンドル (Legendre) の微分方程式**という．

7.2　ルジャンドル関数とルジャンドル多項式

このルジャンドルの微分方程式を級数展開の方法で解いてみよう．ルジャンドルの微分方程式 (7.4) を展開して全体を $1-x^2$ で割ると

$$\frac{d^2y}{dx^2} - \frac{2x}{(1+x)(1-x)}\frac{dy}{dx} + \frac{\nu(\nu+1)}{(1+x)(1-x)}y = 0$$

となる．したがって，x が有限の範囲では，確定特異点は $x = \pm 1$ の 2 つである．($t = 1/x$ と変換すれば $x = \infty$ も確定特異点となる．)

$x \to -x$ で同じ方程式になるので，$x = 1$ の確定特異点のみ考慮しよう．$x = 1$ の周りで展開した式

$$y(x) = \sum_{k=0}^{\infty} c_k(x-1)^{k+\lambda}$$

を微分方程式に代入し，各ベキの係数が 0 になるよう c_k を決めていく．

まず，最低次のベキの係数を見て $c_0 \neq 0$ から得られる指数方程式は

$$\lambda(\lambda - 1) + \lambda = 0$$

となる．これは，$\lambda = 0$ という重解を与える．したがって，この方法では，$\lambda = 0$ の場合の解が一つだけが得られることになる．

次に $\lambda = 0$ の場合について c_k の係数を決めていく．簡単のため $z = x - 1$ とおき $\lambda = 0$ を代入すると

$$y = \sum_{k=0}^{\infty} c_k z^k$$

となるので，z で書き直した微分方程式

$$-z(z + 2)y'' - 2(z + 1)y' + \nu(\nu + 1)y = 0$$

に代入し，整理すると

$$\sum_{k=0}^{\infty} \left[\nu(\nu + 1) - k(k + 1) \right] c_k z^k - \sum_{k=-1}^{\infty} 2(k + 1)^2 c_{k+1} z^k = 0$$

となる．第 2 項の和の $k = -1$ からの寄与は 0 なので，

$$\sum_{k=0}^{\infty} \left(\left[\nu(\nu + 1) - k(k + 1) \right] c_k - 2(k + 1)^2 c_{k+1} \right) z^k = 0$$

と書き直すことができ

$$c_{k+1} = \frac{(\nu + k + 1)(\nu - k)}{2(k + 1)^2} c_k \tag{7.5}$$

を得る．したがって

$$c_k = c_0 \frac{(\nu + 1) \cdots (\nu + k) \cdot \nu \cdots (\nu - (k - 1))}{2^k (k!)^2} = c_0 \frac{\Gamma(\nu + k + 1)}{2^k (k!)^2 \Gamma(\nu - k + 1)}$$

のように c_k が求まり，解が

$$y = c_0 \sum_{k=0}^{\infty} \frac{\Gamma(\nu + k + 1)}{(k!)^2 \Gamma(\nu - k + 1)} \left(\frac{x - 1}{2} \right)^k \tag{7.6}$$

のように得られる．これを**第1種ルジャンドル関数** $P_\nu(x)$ という．なお，この方法では得られなかったもう一つの解を**第2種ルジャンドル関数** $Q_\nu(x)$ という． $Q_\nu(x)$ は確定特異点 $x = \infty$ 周りで展開することで得ることができる．

これらの解の中で物理的に意味があるものは $x = \cos\theta$ であるから $-1 \leq x \leq 1$ において有限で正則になっていなければならない． $Q_\nu(x)$ は $|x| < 1$ で正則にならず，また， $P_\nu(x)$ の無限級数も $x = -1$ において一般に発散してしまうので，そのままでは物理的な解にならない．そこで， $P_\nu(x)$ の c_k に対する漸化式 (7.5) に注目すると $\nu = n \ (n = 0, 1, 2, \cdots)$ のときに $k = n$ を代入すると， $c_{n+1} = 0$ となるので，級数は $k = n$ で打ち切られることが分かる．このとき， $y(1) = 1$ となるよう $c_0 = 1$ とすると，このルジャンドル関数は

$$P_n(x) = \sum_{k=0}^{n} \frac{(n+k)!}{(k!)^2(n-k)!} \left(\frac{x-1}{2}\right)^k \tag{7.7}$$

のように多項式になり， $-1 \leq x \leq 1$ で有限の値になる．つまり， ν が整数 $(n = 0, 1, 2, \cdots)$ であれば，微分方程式 (7.4) は物理的に意味のある解を与えるのである．こうして得られる多項式 $P_n(x)$ が**ルジャンドル多項式**である． $n \leq 6$ のルジャンドル多項式のグラフを図 7.1 に示す．

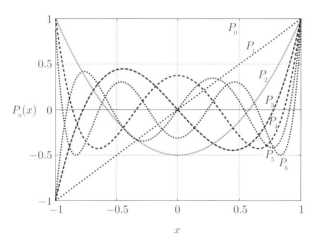

図 7.1　ルジャンドル多項式 $P_n(x)$ のグラフ

7.3　ルジャンドル多項式の具体的な表式とロドリグの公式

ルジャンドル多項式 $P_n(x)$ を具体的に書き下すと以下のようになる.

$$P_0(x) = 1$$
$$P_1(x) = x$$
$$P_2(x) = \frac{1}{2}(3x^2 - 1)$$
$$P_3(x) = \frac{1}{2}(5x^3 - 3x)$$
$$P_4(x) = \frac{1}{8}(35x^4 - 30x^2 + 3)$$

$P_n(x)$ は, n が偶数のときは偶関数, 奇数のときは奇関数であり,

$$P_n(-x) = (-1)^n P_n(x)$$

が成り立っている. また, $x = 1$ のときに $P_n(x)$ は 1 になっている.

このルジャンドル多項式は

$$P_n(x) = \frac{1}{2^n n!} \frac{d^n}{dx^n}(x^2 - 1)^n$$

のように表現することができる. これを**ロドリグ (Rodrigues) の公式**という.

この公式は以下のようにして確認することができる. まず, $(x^2 - 1)^n$ を $z = x - 1$ を用いて

$$(x^2 - 1)^n = (x - 1)^n (x + 1)^n = z^n (z + 2)^n = \sum_{k=0}^{n} {}_nC_k z^{n+k} 2^{n-k}$$

のように表す. さらに, 微分を n 回行うことで

$$\frac{1}{2^n n!} \frac{d^n}{dx^n}(x^2 - 1)^n = \frac{1}{2^n n!} \frac{d^n}{dx^n} \sum_{k=0}^{n} {}_nC_k z^{n+k} 2^{n-k}$$

$$= \frac{1}{2^n n!} \sum_{k=0}^{n} {}_nC_k (n + k) \cdots (k + 1) z^k 2^{n-k}$$

$$= \sum_{k=0}^{n} \frac{(n+k)!}{(k!)^2(n-k)!}(z/2)^k = P_n(x)$$

となり，確かにルジャンドル多項式 (7.7) を得ることができる．

問題 7.1　$P_n(1) = 1$，$P_n(-1) = (-1)^n$ をいくつかの $P_n(x)$ $(n : 0, 1, 2, 3)$ で確認せよ．

7.4　ルジャンドル多項式の母関数

ルジャンドル多項式は母関数 $\left(\sqrt{1 - 2tx + t^2}\right)^{-1}$ の展開係数として次のような形で表される．

$$\frac{1}{\sqrt{1 - 2tx + t^2}} = \sum_{n=0}^{\infty} P_n(x)t^n \tag{7.8}$$

この式は左辺を級数展開しても示すことができるが，ここでは複素積分を用いた証明をしてみよう．

任意の関数 $f(z)$ が z の周りで正則であるとすると，コーシーの積分定理より

$$f(z) = \frac{1}{2\pi i} \int_{\mathcal{C}} \frac{f(w)}{w - z} dw$$

が成り立つ．ここで，$\mathcal{C}$ は z の周りの正則な領域での一周積分を表す．これを z で n 回微分すると

$$f^{(n)}(z) = \frac{n!}{2\pi i} \int_{\mathcal{C}} \frac{f(w)}{(w - z)^{n+1}} dw$$

となるが，$f(z) = (z^2 - 1)^n$ として，$2^n n!$ で割るとロドリグの公式より

$$P_n(z) = \frac{1}{2^n n!} \frac{d^n}{dz^n}(z^2 - 1)^n = \frac{1}{2\pi i} \int_{\mathcal{C}} \frac{(w^2 - 1)^n}{2^n(w - z)^{n+1}} dw$$

が得られる．これをシュレーフリの積分表示という．

この積分表示を式 (7.8) の右辺に代入し，積分と和の順序を入れ替えると

$$\sum_{n=0}^{\infty} P_n(z)t^n = \frac{1}{2\pi i} \int_{\mathcal{C}} \frac{dw}{w - z} \sum_{n=0}^{\infty} \left(\frac{w^2 - 1}{2(w - z)}t\right)^n$$

となる．ここで，最後の和は公比 $r(w) = \frac{w^2-1}{2(w-z)}t$ の等比級数になっているため

$$|r(w)| = \left| \frac{w^2-1}{2(w-z)}t \right| < 1$$

を満たすように積分経路 $\mathcal{C}$ を決めると和が計算できて

$$\sum_{n=0}^{\infty} P_n(z)t^n = \frac{1}{2\pi i}\int_{\mathcal{C}} \frac{dw}{(w-z)\left(1-\frac{w^2-1}{2(w-z)}t\right)}$$

$$= \frac{1}{\pi i}\int_{\mathcal{C}} \frac{dw}{2w-2z-w^2t+t}$$

$$= -\frac{1}{\pi i t}\int_{\mathcal{C}} \frac{dw}{(w-w_+)(w-w_-)}$$

となる．ただし，$w_\pm$ は (被積分関数の分母) $= 0$ の解で

$$w_\pm = \frac{1 \pm \sqrt{1-2tz+t^2}}{t}$$

である．ここで，$r(w)$ は $w=z$ $(z \neq \pm 1)$ に極，$w = \pm 1$ にゼロ点をもつような関数であり，図 7.2 に示すように $w=z$ のまわりに，ドーナツ状に $|r(w)| < 1$ となる領域が存在する．$w_\pm$ はちょうど $r(w_\pm) = 1$ となる点なので，このドーナツの境界にあることが分かり，一方がドーナツの内側の境界，もう一方がドーナツの外側の境界にある．したがって，経路 $\mathcal{C}$ は $w=z$ の周りを一周するようにとる必要があり，かつ $|r(w)| < 1$ の領域だけを通る必要があるため，積分では必ず $w = w_-$ の留数のみが寄与する．よって

$$\sum_{n=0}^{\infty} P_n(z)t^n = -\frac{1}{\pi i t}\int_{\mathcal{C}} \frac{dw}{(w-w_-)(w-w_+)}$$

$$= -\frac{2}{t}\frac{1}{w_- - w_+}$$

$$= \frac{1}{\sqrt{1-2tz+t^2}}$$

となり，ルジャンドル多項式の母関数表記 (7.8) が証明できたことになる．なお，この等式が成り立つためには，積分経路 $\mathcal{C}$ が定義できる必要がある．$|r(w)|$ をプロットすると $|t| < 1, |z| \leq 1$ であれば図 7.2 のようになり，このような経

路が定義できる．一方，例えば $|t| \geq 1$ では図 7.3 のように一周積分が定義できなくなる．したがって，母関数表記 (7.8) が成り立つのは，$|t| < 1, |x| \leq 1$ の場合である．

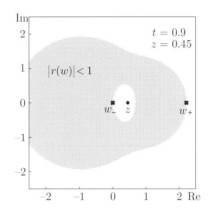

図 7.2　$|t| < 1$ の場合における $|r(w)| < 1$ の領域を網掛けした図

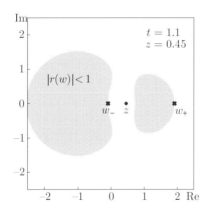

図 7.3　$|t| > 1$ の場合における $|r(w)| < 1$ の領域を網掛けした図

問題 7.2　ベキ級数展開によってルジャンドル多項式の母関数表記 (7.8) が成り立つことを示せ.

問題 7.3　図 7.4 のように，P から X までの距離を R_{X} としたとき，$1/R_{\mathrm{X}}$ が以下の式 (7.9) で表されることを示せ. ただし，原点 O と X の間の距離を r'，原点 O と P の距離を r，PO-OX 間の角度を θ とし，$r' < r$ とする.

$$\frac{1}{R_{\mathrm{X}}} = \frac{1}{\sqrt{r^2 + r'^2 - 2rr'\cos\theta}} = \frac{1}{r}\sum_{n=0}^{\infty}\left(\frac{r'}{r}\right)^n P_n(\cos\theta) \tag{7.9}$$

なお，式 (7.9) から，$r'/r \ll 1$ のとき，低次の n で精度良く $1/R_{\mathrm{X}}$ 型の重力ポテンシャルや静電ポテンシャルを表現できることが分かる. これを多重極展開という.

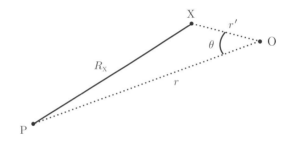

図 7.4　問題 7.3 の図

問題 7.4　問題 7.3 の結果を用いて，z 軸上の点 $(0,0,a)$ に電荷 q，$(0,0,-a)$ に電荷 $-q$ を置いたときの遠方 $(r > a)$ における任意の点 (r,θ,ϕ) の電位を求めよ. また，(a/r) について最低次の項，およびその次の次数の項を書き下せ.

問題 7.5　ルジャンドル多項式の母関数表記 (7.8) を両辺 t および x で微分することにより，以下の漸化式を導け.

1.　　　　　　$(n+1)P_{n+1}(x) - (2n+1)xP_n(x) + nP_{n-1}(x) = 0$

2.　　　　　　$P'_{n+1}(x) - 2xP'_n(x) + P'_{n-1}(x) = P_n(x)$

7.5 ルジャンドル多項式の直交性

次にルジャンドル多項式の直交性

$$\int_{-1}^{1} P_m(x)P_n(x)dx = 0 \quad (m \neq n)$$

を確認しよう.まず,次の積分

$$\int_{-1}^{1} x^m P_n(x)dx$$

を考えると,ロドリグの公式を用いることで

$$
\begin{aligned}
\int_{-1}^{1} x^m P_n(x)dx &= \frac{1}{(2n)!!} \int_{-1}^{1} x^m \frac{d^n}{dx^n}(x^2-1)^n \, dx \\
&= \frac{1}{(2n)!!} \left[x^m \frac{d^{n-1}}{dx^{n-1}}(x^2-1)^n \right]_{-1}^{1} \\
&\quad - \frac{m}{(2n)!!} \int_{-1}^{1} x^{m-1} \frac{d^{n-1}}{dx^{n-1}}(x^2-1)^n \, dx \quad (7.10) \\
&= -\frac{m}{(2n)!!} \int_{-1}^{1} x^{m-1} \frac{d^{n-1}}{dx^{n-1}}(x^2-1)^n \, dx
\end{aligned}
$$

を得る.ただし式 (7.10) 右辺第 1 項については (x^2-1) の積が必ず 1 つ以上残るため,$x = \pm 1$ で 0 になることを用いた.$k \leq n$,$k \leq m$ としてこれを k 回繰り返すことで

$$
\begin{aligned}
&\int_{-1}^{1} x^m P_n(x)dx \\
&= \frac{(-1)^k m!}{(m-k)!(2n)!!} \int_{-1}^{1} x^{m-k} \frac{d^{n-k}}{dx^{n-k}}(x^2-1)^n \, dx
\end{aligned}
$$

を得る.$m < n$ であれば $k = m$ まで k を増やすことで

$$
\begin{aligned}
\int_{-1}^{1} x^m P_n(x)dx &= \frac{(-1)^m m!}{(2n)!!} \int_{-1}^{1} \frac{d^{n-m}}{dx^{n-m}}(x^2-1)^n \, dx \\
&= \frac{(-1)^m m!}{(2n)!!} \left[\frac{d^{n-m-1}}{dx^{n-m-1}}(x^2-1)^n \right]_{-1}^{1} \\
&= 0 \quad (m < n)
\end{aligned}
$$

となる.

また，$n \leq m$ であれば $k = n$ まで k を増やすことで

$$\int_{-1}^{1} x^m P_n(x) dx$$
$$= \frac{(-1)^n m!}{(m-n)!(2n)!!} \int_{-1}^{1} x^{m-n}(x^2-1)^n \, dx \qquad (n \leq m)$$

を得るが

$$\int_{-1}^{1} x^{m-n}(x^2-1)^n \, dx$$
$$= \left[\frac{x^{m-n+1}(x^2-1)^n}{m-n+1} \right]_{-1}^{1} - \frac{2n}{m-n+1} \int_{-1}^{1} x^{m-n+2}(x^2-1)^{n-1} \, dx$$
$$= (-1)^n \frac{2^n n!}{(m-n+1)(m-n+3)\cdots(m-n+2n-1)}$$
$$\times \int_{-1}^{1} x^{m-n+2n} \, dx$$
$$= \begin{cases} 0 & (m-n : 奇数) \\ (-1)^n \frac{2(2n)!!(m-n-1)!!}{(m-n+2n+1)!!} & (m-n : 偶数) \end{cases}$$

であるので，$(m-n-1)!!(m-n)!! = (m-n)!$ を用いて

$$\int_{-1}^{1} x^m P_n(x) dx$$
$$= \begin{cases} 0 & (0 \leq m < n \ あるいは \ m-n \ が奇数) \\ \frac{2m!}{(m-n)!!(m+n+1)!!} & (n \leq m \ かつ \ m-n \ が 0 \ あるいは偶数) \end{cases} \tag{7.11}$$

を得る．

$P_m(x)$ は x の m 次の多項式であるため，$m \neq n$ であれば $P_m(x)$ と $P_n(x)$ のどちらかは必ず他方より小さな次数の多項式となる．したがって

$$\int_{-1}^{1} P_m(x) P_n(x) dx = 0 \qquad (m \neq n) \tag{7.12}$$

が成り立ち，直交関係が保証される．$m = n$ の場合は $P_n(x)$ の最高次の項が $(2n-1)!!(n!)^{-1}x^n$ であるため，式 (7.11) より

$$\int_{-1}^{1} P_n(x) P_n(x) dx = \int_{-1}^{1} \frac{(2n-1)!!}{n!} x^n P_n(x) dx = \frac{2}{2n+1} \tag{7.13}$$

となることが分かる．

7.6 ルジャンドル多項式の応用:ラプラス方程式

ここで，ルジャンドル多項式の応用例を紹介する．静電ポテンシャル $V(\boldsymbol{r})$ は，電荷のない領域においてラプラス方程式

$$\nabla^2 V(\boldsymbol{r}) = 0$$

を満たす．この方程式は，電荷密度 ρ が 0 のときのマックスウェル方程式 $\nabla \cdot \boldsymbol{E} = \rho/\epsilon_0$ から得られる．このとき，境界条件が z 軸周りに回転対称な電荷分布によって与えられたとすると，$V(\boldsymbol{r})$ を極座標表示したときに ϕ 依存性がなくなり，$V(\boldsymbol{r})$ は r と θ の関数として表現される．ここで，変数分離法によってこの微分方程式の解を求めると，θ に依存する部分は，ラプラス方程式がヘルムホルツ方程式 (7.1) の $\lambda = 0$ の場合に対応しているので，ヘルムホルツ方程式のときと同じようにルジャンドルの微分方程式に従うことになる．したがって，このような場合の静電ポテンシャル $V(r, \theta, \phi)$ は

$$V(r, \theta, \phi) = \sum_{n=0}^{\infty} \left(A_n r^n + \frac{B_n}{r^{n+1}} \right) P_n(\cos\theta)$$

のように与えられる．(r の関数形については問題 7.6 で導出する).

ここで，一つの具体例として，図 7.5 に示すように半径 a の細いリングが xy 面上にあり，そのリング上に線密度 σ の電荷が一様に分布している場合を考えてみよう．静電ポテンシャル $V(r, \theta, \phi)$ の関数形はすでに得られているので，あとは，リング上の一様電荷密度によって与えられる係数 A_n，B_n を求めればよい．

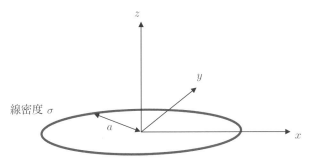

図 7.5　線密度 σ で電荷が一様に分布している半径 a のリング

そこで，まず z 軸上の電位 $V(z)$ を考える．リング上の微小区間 dl が点 $(0,0,z)$ に作る電位 dV は

$$dV = \frac{\sigma dl}{4\pi\epsilon_0 \sqrt{a^2 + z^2}}$$

であるから，リング一周分の合計を ϕ についての積分によって求めると

$$V(z) = \int \frac{\sigma dl}{4\pi\epsilon_0 \sqrt{a^2 + z^2}} = \frac{\sigma a}{2\epsilon_0 \sqrt{a^2 + z^2}} \tag{7.14}$$

となる．

次に z 軸上でこの解に一致するように，係数 A_n，B_n を決定し，リング上以外の点における静電ポテンシャルを求める．ここでは $r \leq a$ と $r > a$ の 2 つの領域に分けて考えよう．

● $r \leq a$ の領域

ϕ によらず原点で正則な解は

$$V(r, \theta) = \sum_n A_n r^n P_n(\cos\theta)$$

によって表される．z 軸上での値は $\theta = 0, r = z \ (> 0)$ のときに得られるので

$$V(z) = \sum_n A_n z^n P_n(1) = \sum_n A_n z^n$$

でなければならない．一方，式 (7.14) の解を z^2/a^2 について $z = 0$ の周りでテイラー展開すると，

$$V(z) = \frac{\sigma}{2\epsilon_0} \left(1 + \frac{z^2}{a^2} \right)^{-1/2} = \frac{\sigma}{2\epsilon_0} \left[1 + \sum_{n=1}^{\infty} \frac{(2n-1)!!}{(2n)!!} (-1)^n \left(\frac{z}{a} \right)^{2n} \right]$$

となるので，上の 2 つ式を比べて

$$A_0 = \frac{\sigma}{2\epsilon_0}, \quad A_{2n} = \frac{\sigma}{2\epsilon_0} \frac{(2n-1)!!}{(2n)!!} \frac{(-1)^n}{a^{2n}}, \quad A_{2n+1} = 0,$$

を得る．したがって，求めるべき静電ポテンシャルは

$$V(r,\theta) = \frac{\sigma}{2\epsilon_0}\left[1 + \sum_{n=1}^{\infty}\frac{(2n-1)!!}{(2n)!!}(-1)^n\left(\frac{r}{a}\right)^{2n}P_{2n}(\cos\theta)\right]$$

となる.

● $r > a$ の領域

ϕ によらず無限遠で正則な解は

$$V(r,\theta) = \sum_n \frac{B_n}{r^{n+1}}P_n(\cos\theta)$$

である. この解は, $r = a$ において $r \leq a$ での解と接続する必要がある. したがって

$$\sum_n A_n a^n P_n(\cos\theta) = \sum_n \frac{B_n}{a^{n+1}}P_n(\cos\theta)$$

の関係が成り立っている. そこで, 両辺に $P_m(\cos\theta)$ をかけて, $\cos\theta$ について -1 から 1 までの範囲で積分して $\cos\theta$ を消去すると, ルジャンドル多項式の直交性から

$$A_n a^n = \frac{B_n}{a^{n+1}}$$

が得られる. したがって, $r > a$ での静電ポテンシャルは

$$V(r,\theta) = \frac{\sigma}{2\epsilon_0}\left[\frac{a}{r} + \sum_{n=1}^{\infty}\frac{(2n-1)!!}{(2n)!!}(-1)^n\left(\frac{a}{r}\right)^{2n+1}P_{2n}(\cos\theta)\right]$$

のように定まる. 同じ結果は $r < a$ のときのように $V(z)$ を $1/z$ で展開して係数を比較しても得られる.

このようにして, 任意の位置での静電ポテンシャル $V(r,\theta)$ はルジャンドル多項式を用いて表現することができる.

問題7.6 ラプラス方程式 $\nabla^2 V = 0$ の解を $V(r,\theta,\phi) = f(r)Y(\theta,\phi)$ とおいたとき, $f(r)$ は

$$r^2\frac{\partial^2 f(r)}{\partial r^2} + 2r\frac{\partial f(r)}{\partial r} - n(n+1)f(r) = 0$$

を満たすことを示せ.

問題 7.7 問題 7.6 で得られた方程式の解は $f(r) = r^n, r^{-n-1}$ となることを確認せよ.

7.7 ルジャンドルの陪微分方程式

ルジャンドル多項式 $P_n(\cos\theta)$ は,式 (7.3)

$$\frac{1}{\sin\theta}\frac{d}{d\theta}\left(\sin\theta\frac{dY(\theta)}{d\theta}\right) + n(n+1)Y(\theta) = 0$$

の解であり,ヘルムホルツ方程式

$$\nabla^2 R(r)Y(\theta,\phi) = \lambda R(r)Y(\theta,\phi)$$

を解く際に現れた微分方程式 (6.40)

$$\frac{1}{\sin\theta}\frac{\partial}{\partial\theta}\left(\sin\theta\frac{\partial Y(\theta,\phi)}{\partial\theta}\right) + \frac{1}{\sin^2\theta}\frac{\partial^2 Y(\theta,\phi)}{\partial\phi^2}$$
$$+ n(n+1)Y(\theta,\phi) = 0 \tag{7.15}$$

の解 $Y(\theta,\phi)$ の中で ϕ に依存しないもの,すなわち z 軸を対称軸とする回転対称性が課せられたときに得られる解になっている.

ここでは $Y(\theta,\phi)$ が ϕ に依存する場合の解を考える.

$$Y(\theta,\phi) = \Theta(\theta)\Phi(\phi)$$

とおき,式 (7.15) に代入し,$\Theta(\theta)\Phi(\phi)$ で割り,$\sin^2\theta$ をかけると

$$\frac{\sin\theta}{\Theta(\theta)}\frac{\partial}{\partial\theta}\left(\sin\theta\frac{\partial\Theta(\theta)}{\partial\theta}\right) + n(n+1)\sin^2\theta = -\frac{1}{\Phi(\phi)}\frac{\partial^2\Phi(\phi)}{\partial\phi^2}$$

を得る.両辺はそれぞれ異なる変数の関数であるから,それぞれ定数になっている必要がある.この定数を γ とおくと

$$\gamma\Phi(\phi) = -\frac{\partial^2\Phi(\phi)}{\partial\phi^2}$$

が得られ

$$\Phi(\phi) = e^{im\phi}$$

の解を得るが，$\Phi(\phi)$ が $[0:2\pi]$ で一価関数である必要から m は整数であり，$\gamma = m^2$ となる．この $\Phi(\phi)$ を用いることで式 (7.15) は

$$\frac{1}{\sin\theta}\frac{d}{d\theta}\left(\sin\theta\frac{d\Theta(\theta)}{d\theta}\right) + \left(n(n+1) - \frac{m^2}{\sin^2\theta}\right)\Theta(\theta) = 0$$

のように変形される．$x = \cos\theta$，$P_n^m(x) = \Theta(\theta)$ とおくと，$dx = -\sin\theta d\theta = -\sqrt{1-x^2}d\theta$ であるから

$$\frac{d}{dx}\left((1-x^2)\frac{dP_n^m(x)}{dx}\right) + \left(n(n+1) - \frac{m^2}{(1-x^2)}\right)P_n^m(x) = 0 \quad (7.16)$$

を得る．これを**ルジャンドルの陪微分方程式**という．

$P_n^m(x)$ として

$$P_n^m(x) = (1-x^2)^{m/2}y(x) \tag{7.17}$$

の形を仮定すると，式 (7.16) 左辺第 1 項は次のように変形される．

$$\frac{d}{dx}\left((1-x^2)\frac{dP_n^m(x)}{dx}\right)$$
$$= \frac{d}{dx}\left\{(1-x^2)\left(-mx(1-x^2)^{m/2-1}y(x) + (1-x^2)^{m/2}\frac{dy(x)}{dx}\right)\right\}$$
$$= \frac{d}{dx}\left(-mx(1-x^2)^{m/2}y(x) + (1-x^2)^{m/2+1}\frac{dy(x)}{dx}\right)$$
$$= (1-x^2)^{m/2}\left\{\left(-m + \frac{m^2x^2}{1-x^2}\right)y(x) - 2(m+1)x\frac{dy(x)}{dx}\right.$$
$$\left. + (1-x^2)\frac{d^2y(x)}{dx^2}\right\}$$

ここで

$$\left(-m + \frac{m^2x^2}{1-x^2}\right) = \left(-m + \frac{m^2}{1-x^2} - \frac{m^2}{1-x^2} + \frac{m^2x^2}{1-x^2}\right)$$
$$= \left(-m + \frac{m^2}{1-x^2} - \frac{m^2(1-x^2)}{1-x^2}\right)$$
$$= \left(-m(m+1) + \frac{m^2}{1-x^2}\right)$$

であることに注意するとルジャンドルの陪微分方程式 (7.16) は

$$(1 - x^2)\frac{d^2 y}{dx^2} - 2(m+1)x\frac{dy}{dx}$$
$$+ \{n(n+1) - m(m+1)\}y(x) = 0 \tag{7.18}$$

のように表すことができる.

一方で,ルジャンドルの微分方程式 (7.4)

$$\frac{d}{dx}\left((1 - x^2)\frac{dP_n(x)}{dx}\right) + n(n+1)P_n(x) = 0$$

を m 回微分すると

$$\frac{d^m}{dx^m}\left\{(1 - x^2)\frac{d^2 P_n(x)}{dx^2} - 2x\frac{dP_n(x)}{dx} + n(n+1)P_n(x)\right\} = 0$$

であるから

$$\frac{d^m}{dx^m}\left(xf(x)\right) = \frac{d^{m-1}}{dx^{m-1}}\left(f(x) + x\frac{d}{dx}f(x)\right)$$
$$= m\frac{d^{m-1}}{dx^{m-1}}f(x) + x\frac{d^m}{dx^m}f(x)$$

$$\frac{d^m}{dx^m}\left(x^2 f(x)\right) = \frac{d^{m-1}}{dx^{m-1}}\left(2xf(x) + x^2\frac{d}{dx}f(x)\right)$$
$$= \sum_{l=1}^{m}\frac{d^{m-l}}{dx^{m-l}}\left(2x\frac{d^{l-1}}{dx^{l-1}}f(x)\right) + x^2\frac{d^m}{dx^m}f(x)$$
$$= \sum_{l=1}^{m}\left(2(m-l)\frac{d^{m-2}}{dx^{m-2}}f(x) + 2x\frac{d^{m-1}}{dx^{m-1}}f(x)\right)$$
$$+ x^2\frac{d^m}{dx^m}f(x)$$

であることを用いて

$$\frac{d^{m+2}}{dx^{m+2}}P_n(x) - m(m+1)\frac{d^m}{dx^m}P_n(x) - 2(m+1)x\frac{d^{m+1}}{dx^{m+1}}P_n(x)$$
$$- x^2\frac{d^{m+2}}{dx^{m+2}}P_n(x) + n(n+1)\frac{d^m}{dx^m}P_n(x) = 0$$

を得る．この式を整理すると

$$(1-x^2)\frac{d^2}{dx^2}\frac{d^m}{dx^m}P_n(x) - 2(m+1)x\frac{d}{dx}\frac{d^m}{dx^m}P_n(x)$$
$$+ (n(n+1) - m(m+1))\frac{d^m}{dx^m}P_n(x) = 0 \qquad (7.19)$$

を得るが，この式と式 (7.18) を比較すると

$$y(x) = \frac{d^m}{dx^m}P_n(x)$$

であることが分かる．この $y(x)$ を式 (7.17) に代入することでルジャンドルの陪微分方程式 (7.16) の解

$$P_n^m(x) = (1-x^2)^{m/2}\frac{d^m}{dx^m}P_n(x) \qquad (7.20)$$

を得る．ここで，m は微分の回数であることから，$m \geq 0$ である．この解が $-1 \leq x \leq 1$ で正則であるためには，$P_n(x)$ が正則である必要があり，n が整数でなければならないことが分かる．

7.8　ルジャンドル陪関数

　ルジャンドルの陪微分方程式の解 (7.20) に現れる $P_n(x)$ をロドリグの公式を用いて表すと

$$P_n^m(x) = \frac{1}{(2n)!!}(1-x^2)^{m/2}\frac{d^{n+m}}{dx^{n+m}}(x^2-1)^n$$

を得る．これを**ルジャンドル陪関数**という．上式では $-n \leq m \leq n$ の範囲で m が負の場合の $P_n^m(x)$ も得ることができる．

　このとき，$P_n^{-m}(x)$ は $P_n^m(x)$ と

$$P_n^{-m}(x) = (-1)^m\frac{(n-m)!}{(n+m)!}P_n^m(x) \qquad (7.21)$$

の式で関係づけられていることを示すことができる（この証明は問題 7.8 で行う）．

問題 7.8 $(x+1)^n(x-1)^n$ にライプニッツの微分公式

$$\frac{d^n}{dx^n}[A(x)B(x)] = \sum_{m=0}^{n} \frac{n!}{(n-m)!m!}\frac{d^{n-m}}{dx^{n-m}}A(x)\frac{d^m}{dx^m}B(x)$$

を適用することにより式 (7.21) を示せ.

7.9   ルジャンドル陪関数の直交性

この $P_n^m(x)$ の直交性 $(m \neq 0)$ について考えると

$$\int_{-1}^{1} P_l^m(x)P_n^m(x)\ dx$$

$$= \int_{-1}^{1}(1-x^2)^m\frac{d^m P_l(x)}{dx^m}\frac{d^m P_n(x)}{dx^m}\ dx$$

$$= \left[\frac{d^{m-1}P_l(x)}{dx^{m-1}}\frac{d^m P_n(x)}{dx^m}(1-x^2)^m\right]_{-1}^{1}$$

$$\quad -\int_{-1}^{1}\frac{d^{m-1}P_l(x)}{dx^{m-1}}\frac{d}{dx}\left\{\frac{d^m P_n(x)}{dx^m}(1-x^2)^m\right\}dx$$

$$= -\int_{-1}^{1}\frac{d^{m-1}P_l(x)}{dx^{m-1}}\frac{d}{dx}\left\{(1-x^2)^m\frac{d^m P_n(x)}{dx^m}\right\}dx \qquad (7.22)$$

を得る. ここで, 式 (7.19) の m を $m-1$ に置き換え, その式の両辺に $(1-x^2)^{m-1}$ をかけたもの

$$(1-x^2)^m\frac{d}{dx}\frac{d^m}{dx^m}P_n(x) - 2mx(1-x^2)^{m-1}\frac{d^m}{dx^m}P_n(x)$$

$$+\left\{n(n+1)-m(m-1)\right\}(1-x^2)^{m-1}\frac{d^{m-1}}{dx^{m-1}}P_n(x) = 0$$

を考えると, 左辺第 1 項と第 2 項をまとめて

$$\frac{d}{dx}\left\{(1-x^2)^m\frac{d^m}{dx^m}P_n(x)\right\}$$

$$= -(n-m+1)(n+m)(1-x^2)^{m-1}\frac{d^{m-1}}{dx^{m-1}}P_n(x)$$

となるため, これを式 (7.22) に代入して

$$\int_{-1}^1 (1-x^2)^m \frac{d^m P_l(x)}{dx^m}\frac{d^m P_n(x)}{dx^m}\,dx$$
$$= (n-m+1)(n+m)$$
$$\times \int_{-1}^1 (1-x^2)^{m-1}\frac{d^{m-1}P_l(x)}{dx^{m-1}}\frac{d^{m-1}P_n(x)}{dx^{m-1}}\,dx$$

を得る．右辺の積分は左辺の積分の m を $m-1$ に置き換えたものなので，これを m 回繰り返して使うことで

$$\int_{-1}^1 (1-x^2)^m \frac{d^m P_l(x)}{dx^m}\frac{d^m P_n(x)}{dx^m}\,dx$$
$$= (n-m+1)(n-m+2)\cdots(n-m+m)(n+m)(n+m-1)$$
$$\times \cdots (n+1)\int_{-1}^1 P_l(x)P_n(x)\,dx$$
$$= \frac{(n+m)!}{(n-m)!}\int_{-1}^1 P_l(x)P_n(x)\,dx$$

を得る．$P_n(x)$ の直交性の式 (7.12)，式 (7.13) より

$$\int_{-1}^1 P_l(x)P_n(x)dx = \frac{2}{2n+1}\,\delta_{ln}$$

であるので，ルジャンドル陪関数 $P_n^m(x)$ の直交性

$$\int_{-1}^1 P_l^m(x)P_n^m(x)\,dx = \frac{2}{2n+1}\frac{(n+m)!}{(n-m)!}\,\delta_{ln} \tag{7.23}$$

が確認できる．

7.10 球面調和関数

式 (7.15) の微分方程式

$$\frac{1}{\sin\theta}\frac{\partial}{\partial\theta}\left(\sin\theta\frac{\partial Y(\theta,\phi)}{\partial\theta}\right) + \frac{1}{\sin^2\theta}\frac{\partial^2 Y(\theta,\phi)}{\partial\phi^2} + l(l+1)Y(\theta,\phi) = 0 \tag{7.24}$$

の解 $Y(\theta,\phi)$ を

$$Y(\theta,\phi) = \Theta(\theta)\Phi(\phi)$$

と表したとき

$$\Phi(\phi) = e^{im\phi}$$
$$\Theta(\theta) = P_l^m(x)$$

が解として得られたので，$P_l^m(x)$ の直交性 (7.23) から規格化因子を定めて，微分方程式 (7.24) の解を次のように表すことができる．

$$Y_l^m(\theta,\phi) = (-1)^m \sqrt{\frac{2l+1}{4\pi}\frac{(l-m)!}{(l+m)!}} P_l^m(\cos\theta)e^{im\phi} \tag{7.25}$$

これを，**球面調和関数**という．

　微分方程式 (7.24) の全体に (-1) をかけると左辺第 1 項と第 2 項の和は量子力学の角運動量演算子 $\boldsymbol{L} = \boldsymbol{x} \times \boldsymbol{p}$ の 2 乗の演算子 $\boldsymbol{L}^2$ に対応する．実際，$\boldsymbol{p} = -i\hbar\frac{\partial}{\partial\boldsymbol{x}}$ であることを用いると

$$L_x = i\hbar\left(\sin\phi\frac{\partial}{\partial\theta} + \frac{\cos\phi}{\tan\theta}\frac{\partial}{\partial\phi}\right) \tag{7.26}$$

$$L_y = i\hbar\left(-\cos\phi\frac{\partial}{\partial\theta} + \frac{\sin\phi}{\tan\theta}\frac{\partial}{\partial\phi}\right) \tag{7.27}$$

$$L_z = -i\hbar\frac{\partial}{\partial\phi} \tag{7.28}$$

$$\boldsymbol{L}^2 = -\hbar^2\left(\frac{1}{\sin\theta}\frac{\partial}{\partial\theta}\left(\sin\theta\frac{\partial}{\partial\theta}\right) + \frac{1}{\sin^2\theta}\frac{\partial^2}{\partial\phi^2}\right) \tag{7.29}$$

となる。したがって，球面調和関数は

$$\boldsymbol{L}^2 Y_{lm}(\theta,\phi) = l(l+1)\hbar^2 Y_{lm}(\theta,\phi)$$
$$L_z Y_{lm}(\theta,\phi) = m\hbar Y_{lm}(\theta,\phi)$$

を満たす．l は軌道角運動量量子数，あるいは方位量子数と呼ばれ，m は軌道磁気量子数と呼ばれる．

　また，昇降演算子

$$L_\pm = L_x \pm iL_y = i\hbar e^{\pm i\phi}\left(-i\frac{\partial}{\partial\theta} + \frac{1}{\tan\theta}\frac{\partial}{\partial\phi}\right)$$

を定義すると

$$L_\pm Y_l^{\,m}(\theta,\phi) = \sqrt{l(l+1) - m(m\pm 1)}\, Y_l^{\,m\pm 1}(\theta,\phi)$$

が成り立つ.

問題 7.9 角運動量の表式 (7.26) - (7.29) を確認せよ.

7.11 球面調和関数の直交性

球面調和関数の規格直交性は

$$\int_0^{2\pi} d\phi \int_0^\pi Y_l^{\,m*}(\theta,\phi) Y_{l'}^{\,m'}(\theta,\phi)\ \sin\theta d\theta$$

$$= (-1)^{m+m'} \sqrt{\frac{2l+1}{4\pi}\frac{2l'+1}{4\pi}\frac{(l-m)!}{(l+m)!}\frac{(l'-m')!}{(l'+m')!}}$$

$$\times \int_0^{2\pi} d\phi \int_0^\pi P_l^m(\cos\theta) P_{l'}^{m'}(\cos\theta) e^{-im\phi} e^{im'\phi}\ \sin\theta d\theta$$

$$= (-1)^{m+m'} \sqrt{\frac{2l+1}{4\pi}\frac{2l'+1}{4\pi}\frac{(l-m)!}{(l+m)!}\frac{(l'-m')!}{(l'+m')!}}$$

$$\times \int_0^{2\pi} e^{i(m'-m)\phi} d\phi \int_{-1}^1 P_l^m(x) P_{l'}^{m'}(x)\ dx$$

$$= \sqrt{\frac{2l+1}{4\pi}\frac{2l'+1}{4\pi}\frac{(l-m)!}{(l+m)!}\frac{(l'-m)!}{(l'+m)!}}$$

$$\times 2\pi \delta_{mm'} \int_{-1}^1 P_l^m(x) P_{l'}^m(x)\ dx$$

$$= \frac{2l+1}{4\pi}\frac{(l-m)!}{(l+m)!} 2\pi \delta_{mm'} \frac{2}{2l+1}\frac{(l+m)!}{(l-m)!}\ \delta_{ll'}$$

$$= \delta_{mm'}\delta_{ll'}$$

より確認できる.

　球面調和関数の重要な性質として，完全性が挙げられる．すなわち，球面上で値をもつ任意の関数 $f(\theta,\phi)$ を球面調和関数で展開することができる．

$$f(\theta, \phi) = \sum_{m,n} a_{m,n} Y_n^m(\theta, \phi)$$

$f(\theta, \phi)$ が分かっていれば，係数 $a_{m,n}$ は規格直交性を用いて次のように求めることができる．

$$a_{m,n} = \int_0^{2\pi} \int_0^{\pi} Y_n^{m*}(\theta, \phi) f(\theta, \phi) \sin\theta d\theta d\phi$$

角度成分についての情報を表現するために，球面調和関数で展開するという手法は様々な場面で用いられている．

以下にいくつかの球面調和関数 $Y_l^m(\theta, \phi)$ を挙げる．

$$Y_0^0(\theta, \phi) = \frac{1}{\sqrt{4\pi}}$$

$$Y_1^0(\theta, \phi) = \sqrt{\frac{3}{4\pi}} \cos\theta$$

$$Y_1^{\pm 1}(\theta, \phi) = \mp\sqrt{\frac{3}{8\pi}} \sin\theta e^{\pm i\phi}$$

$$Y_2^0(\theta, \phi) = \sqrt{\frac{5}{16\pi}} (3\cos^2\theta - 1)$$

$$Y_2^{\pm 1}(\theta, \phi) = \mp\sqrt{\frac{15}{8\pi}} \sin\theta \cos\theta e^{\pm i\phi}$$

$$Y_2^{\pm 2}(\theta, \phi) = \sqrt{\frac{15}{32\pi}} \sin^2\theta e^{\pm 2i\phi}$$

Y_l^m は $m \neq 0$ のとき，複素数になるが

$$Y_l^{-m}(\theta, \phi) = (-1)^m Y_l^{m*}(\theta, \phi)$$

を利用すれば[1]，線形結合を取り直すことによって実関数で表すこともできる．これらの関数表現は式 (7.30)-(7.38) に，またその形状は図 7.6 に示した．このような表現は原子核の周りの電子軌道を表す波動関数として広く用いられている．各原子の基底状態の電子配置は表 7.1 に示した．

---

[1] Y_l^m の具体的な形からも明らかであるが，球面調和関数の定義 (7.25) と $m < 0$ のルジャンドル陪多項式に関する式 (7.21) を用いれば一般的に示すことができる．

● 電子軌道と球面調和関数

$$s: \qquad Y_0^0(\theta, \phi) = \frac{1}{\sqrt{4\pi}} \qquad (7.30)$$

$$p_z: \qquad Y_1^0(\theta, \phi) = \sqrt{\frac{3}{4\pi}} \cos\theta \qquad (7.31)$$

$$p_x: \qquad -\frac{1}{\sqrt{2}} \left(Y_1^1(\theta, \phi) - Y_1^{-1}(\theta, \phi) \right) = \sqrt{\frac{3}{4\pi}} \sin\theta \cos\phi \qquad (7.32)$$

$$p_y: \qquad \frac{i}{\sqrt{2}} \left(Y_1^1(\theta, \phi) + Y_1^{-1}(\theta, \phi) \right) = \sqrt{\frac{3}{4\pi}} \sin\theta \sin\phi \qquad (7.33)$$

$$d_{z^2}: \qquad Y_2^0(\theta, \phi) = \sqrt{\frac{5}{16\pi}} (3\cos^2\theta - 1) \qquad (7.34)$$

$$d_{xz}: \qquad -\frac{1}{\sqrt{2}} \left(Y_2^1(\theta, \phi) - Y_2^{-1}(\theta, \phi) \right) = \sqrt{\frac{15}{4\pi}} \sin\theta \cos\theta \cos\phi \qquad (7.35)$$

$$d_{yz}: \qquad \frac{i}{\sqrt{2}} \left(Y_2^1(\theta, \phi) + Y_2^{-1}(\theta, \phi) \right) = \sqrt{\frac{15}{4\pi}} \sin\theta \cos\theta \sin\phi \qquad (7.36)$$

$$d_{x^2-y^2}: \qquad \frac{1}{\sqrt{2}} \left(Y_2^2(\theta, \phi) + Y_2^{-2}(\theta, \phi) \right) = \sqrt{\frac{15}{16\pi}} \sin^2\theta \cos 2\phi \qquad (7.37)$$

$$d_{xy}: \qquad -\frac{i}{\sqrt{2}} \left(Y_2^2(\theta, \phi) - Y_2^{-2}(\theta, \phi) \right) = \sqrt{\frac{15}{16\pi}} \sin^2\theta \sin 2\phi \qquad (7.38)$$

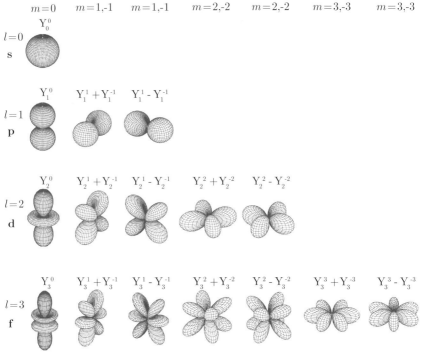

図 7.6 球面調和関数の関数の形

表 7.1　各原子の基底状態の電子配置

原子番号	元素	基底状態の電子配置	原子番号	元素	基底状態の電子配置
1	H	1s	19	K	[Ar] 4s
2	He	$1s^2$	20	Ca	[Ar] $4s^2$
3	Li	[He]2s	21	Sc	[Ar] 3d $4s^2$
4	Be	[He]$2s^2$	22	Ti	[Ar] $3d^2$ $4s^2$
5	B	[He]$2s^2$ 2p	23	V	[Ar] $3d^3$ $4s^2$
6	C	[He]$2s^2$ $2p^2$	24	Cr	[Ar] $3d^5$ 4s
7	N	[He]$2s^2$ $2p^3$	25	Mn	[Ar] $3d^5$ $4s^2$
8	O	[He]$2s^2$ $2p^4$	26	Fe	[Ar] $3d^6$ $4s^2$
9	F	[He]$2s^2$ $2p^5$	27	Co	[Ar] $3d^7$ $4s^2$
10	Ne	[He]$2s^2$ $2p^6$	28	Ni	[Ar] $3d^8$ $4s^2$
11	Na	[Ne]3s	29	Cu	[Ar] $3d^{10}$ 4s
12	Mg	[Ne]$3s^2$	30	Zn	[Ar] $3d^{10}$ $4s^2$
13	Al	[Ne]$3s^2$ 3p	31	Ga	[Ar] $3d^{10}$ $4s^2$ 4p
14	Si	[Ne]$3s^2$ $3p^2$	32	Ge	[Ar] $3d^{10}$ $4s^2$ $4p^2$
15	P	[Ne]$3s^2$ $3p^3$	33	As	[Ar] $3d^{10}$ $4s^2$ $4p^3$
16	S	[Ne]$3s^2$ $3p^4$	34	Se	[Ar] $3d^{10}$ $4s^2$ $4p^4$
17	Cl	[Ne]$3s^2$ $3p^5$	35	Br	[Ar] $3d^{10}$ $4s^2$ $4p^5$
18	Ar	[Ne]$3s^2$ $3p^6$	36	Kr	[Ar] $3d^{10}$ $4s^2$ $4p^6$

第8章
エルミート多項式

　安定構造をもつ分子や結晶を構成する原子には，相対的な空間配置を維持するための復元力が働き，そのポテンシャルを平衡点のまわりで展開すると，一般に調和振動子型のポテンシャルが得られる．したがって，構造的に安定な物質を構成する原子の低温，低エネルギーの運動は，調和振動子型のポテンシャル中の粒子の運動と等価になる．

　本章では，調和振動子型の復元力が働く系を量子力学的に取り扱う際に現れる微分方程式とその解となるエルミート多項式について説明する．

8.1　調和振動子

　質量 m の粒子が平衡点からの変位の大きさ x に比例する復元力 $-Kx$ を受けるときの運動方程式を量子力学の考え方に基づいて記述しよう．

　量子力学では x 方向の運動量演算子が $p_x = -i\hbar\frac{\partial}{\partial x}$ であることから，運動エネルギーを $\frac{p_x^2}{2m}$，復元力を生み出すポテンシャルエネルギーを $\frac{1}{2}Kx^2$ と表すことで，この粒子の状態を表す波動関数 $u(x)$ が従う時間に依存しないシュレディンガー方程式

$$-\frac{\hbar^2}{2m}\frac{\partial^2 u(x)}{\partial x^2} + \frac{1}{2}Kx^2 u(x) = Eu(x)$$

が得られる．

　この方程式を $\alpha^2 = \sqrt{mK}/\hbar$ を用いて無次元の変数 $\xi = \alpha x$ で表すと，古典的調和振動子の角振動数を $\omega_c = \sqrt{K/m}$ と表し，$\lambda = \frac{2E}{\hbar\omega_c}$ とおくことで

$$-\frac{\partial^2 u}{\partial \xi^2} + (\xi^2 - \lambda)u = 0 \tag{8.1}$$

を得る.

以下では，この方程式の解 $u(\xi)$ を求める．まず，ξ が十分大きいときの $u(\xi)$ の漸近形を考えると

$$\frac{\partial^2 u}{\partial \xi^2} = \xi^2 u \quad (\xi \to \infty)$$

より $\xi \to \infty$ で最も大きくなる項 $(\xi^2 u)$ のオーダーの項のみを考えることでその解が $u(\xi) = \xi^n e^{\pm \frac{1}{2}\xi^2}$ と書けることが分かる.

$\xi \to \infty$ で $u(\xi)$ が発散しないためには指数関数の指数部が負である必要があるので，方程式 (8.1) の解を ξ の関数 $H(\xi)$ を用いて

$$u(\xi) = H(\xi)e^{-\frac{1}{2}\xi^2}$$

の形で求めてみる.

この関数 $u(\xi)$ を方程式 (8.1) に代入すると

$$
\begin{aligned}
\frac{\partial^2 u}{\partial \xi^2} &= \frac{\partial}{\partial \xi}\left(\frac{\partial H(\xi)}{\partial \xi}e^{-\frac{1}{2}\xi^2} - \xi H(\xi)e^{-\frac{1}{2}\xi^2}\right) \\
&= \frac{\partial^2 H(\xi)}{\partial \xi^2}e^{-\frac{1}{2}\xi^2} - \xi\frac{\partial H(\xi)}{\partial \xi}e^{-\frac{1}{2}\xi^2} - H(\xi)e^{-\frac{1}{2}\xi^2} \\
&\quad -\xi\frac{\partial H(\xi)}{\partial \xi}e^{-\frac{1}{2}\xi^2} + \xi^2 H(\xi)e^{-\frac{1}{2}\xi^2}
\end{aligned}
$$

より

$$\frac{\partial^2 H(\xi)}{\partial \xi^2}e^{-\frac{1}{2}\xi^2} - 2\xi\frac{\partial H(\xi)}{\partial \xi}e^{-\frac{1}{2}\xi^2} + (\lambda - 1)H(\xi)e^{-\frac{1}{2}\xi^2} = 0$$

を得るので，全体を $e^{-\frac{1}{2}\xi^2}$ で割って $H(\xi)$ の従う方程式として

$$\frac{\partial^2 H(\xi)}{\partial \xi^2} - 2\xi\frac{\partial H(\xi)}{\partial \xi} + (\lambda - 1)H(\xi) = 0$$

を得る.

ここで，ξ を x に改めると

$$\frac{\partial^2 H(x)}{\partial x^2} - 2x\frac{\partial H(x)}{\partial x} + (\lambda - 1)H(x) = 0 \tag{8.2}$$

となる．以下ではこの微分方程式の解を求めることにする．この微分方程式は式 (5.1) と比較すると $p_1(x) = -2x$，$p_2(x) = \lambda - 1$ であり，$p_1(x)$，$p_2(x)$ 共にあらゆる x で正則であり確定特異点がない．そこで，第 5 章で説明した解法に従い，微分方程式の解を以下のようにベキ級数で表す．

$$H(x) = \sum_{m=0}^{\infty} c_m x^m = c_0 + c_1 x + c_2 x^2 + c_3 x^3 + \cdots$$

このベキ級数を微分方程式 (8.2) に代入すると

$$\frac{\partial^2 H(x)}{\partial x^2} = \sum_{m=0}^{\infty} m(m-1)c_m x^{m-2}$$

$$\frac{\partial H(x)}{\partial x} = \sum_{m=0}^{\infty} mc_m x^{m-1}$$

であることから

$$\sum_{m=0}^{\infty} m(m-1)c_m x^{m-2} - 2\sum_{m=0}^{\infty} mc_m x^m + (\lambda - 1)\sum_{m=0}^{\infty} c_m x^m = 0$$

を得る．この式は左辺第 1 項の和が

$$\sum_{m=0}^{\infty} m(m-1)c_m x^{m-2} = \sum_{m=2}^{\infty} m(m-1)c_m x^{m-2}$$

$$= \sum_{m=0}^{\infty} (m+1)(m+2)c_{m+2} x^m$$

と表せることから

$$\sum_{m=0}^{\infty} \left[(m+1)(m+2)c_{m+2} - 2mc_m + (\lambda - 1)c_m \right] x^m = 0$$

と変形できる．この関係が任意の x で成り立つためには，x の各ベキの係数が 0 になる必要があるので

$$(m+2)(m+1)c_{m+2} - 2mc_m + (\lambda - 1)c_m = 0$$

でなければならず，この式から

$$c_{m+2} = \frac{2m+1-\lambda}{(m+2)(m+1)}c_m \tag{8.3}$$

という漸化式が得られる．これは1つとびの漸化式になっており，c_0 を決めることで偶数次のベキの係数が，また，c_1 を決めることで奇数次のベキの係数が決まる．c_0, c_1 は任意の定数なので，偶数次の項からなる解と奇数次の項からなる2つの解が得られる．

このとき，$2m+1-\lambda$ が任意の m に対して0にならない場合には，m が充分大きい場合

$$\frac{c_{m+2}}{c_m} = \frac{2m+1-\lambda}{(m+2)(m+1)} \sim \frac{2}{m}$$

となるため，m が偶数 $(m = 2l)$ のときのベキ級数は $e^{x^2} = \sum_{l=0} x^{2l}/l!$ と同じ漸近形をもつこと，また，m が奇数 $(m = 2l+1)$ のときのベキ級数は xe^{x^2} と同じ漸近形をもつことになる．したがって，どちらも x が大きいときに $H(x) \sim e^{x^2}$ となる寄与を含み $u(x) = H(x)e^{-\frac{1}{2}x^2}$ が $x \to \infty$ で発散してしまう．このことから，$u(x)$ が $x \to \infty$ で発散しないためには，ある m で $2m+1-\lambda = 0$ になる必要がある．

実際に，ある $m = n$ で $2m+1-\lambda = 0$ となる場合を考えると，漸化式 (8.3) から

$$c_{n+2} = \frac{2n+1-\lambda}{(n+2)(n+1)}c_n = 0$$

となり，それ以降の係数もすべて0になる．$(c_{n+2} = c_{n+4} = c_{n+6} = \cdots = 0)$ したがって，係数が0にならない最高次の次数を n として，n が偶数なら偶数次の項，n が奇数なら奇数次の項からなる $x \to \infty$ で発散しない解を得ることができる．この n を使って $\lambda = 2n+1$ とおくと，微分方程式 (8.2) は

$$\frac{\partial^2 H(x)}{\partial x^2} - 2x\frac{\partial H(x)}{\partial x} + 2nH(x) = 0 \quad (n = 0, 1, 2, 3, \cdots) \tag{8.4}$$

のように書き改められる．これを**エルミート (Hermite) の微分方程式**という．

8.2 エルミート多項式

エルミートの微分方程式 (8.4) の解を具体的に求めてみよう．漸化式 (8.3) に $\lambda = 2n + 1$ の条件を適用することで

$$c_m = -\frac{2(n - m + 2)}{m(m - 1)} c_{m-2}$$

を得るので，最高次のベキの係数 a_n から順番にこの漸化式を使って

$$c_{n-2} = -\frac{n(n - 1)}{2(2)} c_n$$

$$c_{n-4} = (-1)^2 \frac{n(n - 1)(n - 2)(n - 3)}{2(2)2(4)} c_n$$

$$c_{n-6} = (-1)^3 \frac{n(n - 1)(n - 2)(n - 3)(n - 4)(n - 5)}{2(2)2(4)2(6)} c_n$$

$$c_{n-2l} = (-1)^l \frac{n!}{(n - 2l)!2^l(2l)!!} c_n \qquad (l : 0, 1, 2, 3, \cdots, [n/2])$$

のように係数を決めていくことができる．$(2l)!! = 2^l l!$ であるから

$$c_n = 2^n$$

とおくことで

$$H_n(x) = \sum_{l=0}^{[n/2]} (-1)^l \frac{n!}{(n - 2l)!l!} (2x)^{n-2l}$$

となる．これを**エルミート多項式**という．ここで，$[n/2]$ は $n/2$ 以下の最大の整数を表す．式 (8.5)-(8.10) に $n = 5$ までの $H_n(x)$ を示す．また，規格化因子まで含めた調和振動子の微分方程式 (8.1) の解 $u(x) = (\pi^{1/2} 2^n n!)^{-1} H_n(x) e^{-x^2/2}$ を図 8.1 に示す．

$$H_0(x) = 1 \tag{8.5}$$

$$H_1(x) = 2x \tag{8.6}$$

$$H_2(x) = 4x^2 - 2 \tag{8.7}$$

$$H_3(x) = 8x^3 - 12x \tag{8.8}$$

$$H_4(x) = 16x^4 - 48x^2 + 12 \tag{8.9}$$

$$H_5(x) = 32x^5 - 160x^3 + 120x \tag{8.10}$$

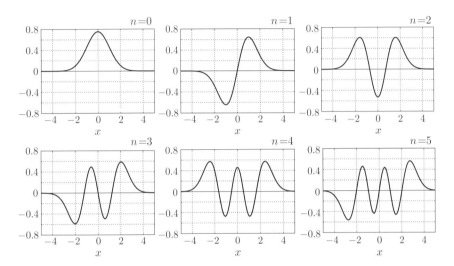

図 8.1 エルミート多項式 $H_n(x)$ によって表現される調和振動子の波動関数 $u(x) = H_n(x)e^{-x^2/2}/(\pi^{1/2}2^n n!)^{1/2}$

8.3 エルミート多項式の母関数

エルミート多項式 $H_n(x)$ は次の母関数を t で展開することで得ることができる.

$$e^{2xt-t^2} = \sum_{n=0}^{\infty} \frac{H_n(x)}{n!} t^n \tag{8.11}$$

この式は以下のようにして示すことができる.

母関数 e^{2xt-t^2} を t について展開するために,はじめに $X = 2xt$ とおいて e^{2xt} を X で展開し,さらに $Y = -t^2$ とおいて e^{-t^2} を Y について展開すると

$$e^{2xt-t^2} = e^{2xt}e^{-t^2}$$

$$= \left(\sum_{m=0}\frac{2^m x^m t^m}{m!}\right)\left(\sum_{l=0}\frac{(-1)^l t^{2l}}{l!}\right)$$

$$= \sum_{m=0}\sum_{l=0}\frac{(-1)^l 2^m x^m t^{m+2l}}{m!l!} \qquad (8.12)$$

となる．ここで $n = m + 2l$ とおくと，

$$m = n - 2l$$

であり，$0 \le m$ より，$l \le n/2$ の条件がつく．式 (8.12) の m を $n - 2l$ に置き換えることで

$$e^{2xt-t^2} = \sum_{n=0}\sum_{l=0}^{[n/2]}\frac{(-1)^l(2x)^{n-2l}t^n}{(n-2l)!l!}$$

$$= \sum_{n=0}\sum_{l=0}^{[n/2]}\frac{(-1)^l n!}{(n-2l)!l!}(2x)^{n-2l}\frac{t^n}{n!}$$

$$= \sum_{n=0}H_n(x)\frac{t^n}{n!}$$

を示すことができる．

8.4　エルミート多項式の直交性

　エルミート多項式の直交性を母関数を利用して示してみよう．
$e^{2xt-t^2}e^{2xs-s^2}$ を考えると式 (8.11) より

$$e^{2xt-t^2+2xs-s^2} = \left(\sum_n\frac{H_n(x)}{n!}t^n\right)\left(\sum_m\frac{H_m(x)}{m!}s^m\right)$$

$$= \sum_{n=0}^{\infty}\sum_{m=0}^{\infty}H_n(x)H_m(x)\frac{t^n s^m}{n!m!}$$

であるから，次の積分を考えると

$$\int_{-\infty}^{\infty} e^{2xt-t^2} e^{2xs-s^2} e^{-x^2} \, dx$$

$$= \sum_{n=0}^{\infty} \sum_{m=0}^{\infty} \frac{t^n s^m}{n! m!} \int_{-\infty}^{\infty} H_n(x) H_m(x) e^{-x^2} \, dx$$

$$= \int_{-\infty}^{\infty} e^{-(x-s-t)^2 + 2st} \, dx$$

$$= e^{2st} \int_{-\infty}^{\infty} e^{-(x-s-t)^2} \, dx$$

$$= e^{2st} \sqrt{\pi}$$

$$= \sqrt{\pi} \sum_{n=0}^{\infty} \frac{2^n t^n s^n}{n!}$$

が成り立つ．したがって t, s の各ベキの係数を比較することで次のエルミート多項式の直交性

$$\int_{-\infty}^{\infty} H_n(x) H_m(x) e^{-x^2} \, dx = \sqrt{\pi} \, 2^n n! \, \delta_{nm}$$

が示される．

8.5 エルミート多項式の漸化式

母関数 e^{2xt-t^2} を x で微分すると

$$\frac{\partial}{\partial x} e^{2xt-t^2} = 2t e^{2xt-t^2}$$

$$= 2t \sum_{n=0}^{\infty} \frac{H_n(x)}{n!} t^n$$

を得るが，これは母関数を展開した後で微分を行ったもの

$$\frac{\partial}{\partial x} e^{2xt-t^2} = \frac{\partial}{\partial x} \sum_{n=0}^{\infty} \frac{H_n(x)}{n!} t^n$$

$$= \sum_{n=0}^{\infty} \frac{\partial H_n(x)}{\partial x} \frac{1}{n!} t^n$$

と等しいはずである．したがって

$$2t\sum_{n=0}^{\infty}\frac{H_n(x)}{n!}t^n = \sum_{n=0}^{\infty}\frac{\partial H_n(x)}{\partial x}\frac{1}{n!}t^n$$

であり，両辺の t^n の係数を比較することで

$$2\frac{H_{n-1}(x)}{(n-1)!} = \frac{\partial H_n(x)}{\partial x}\frac{1}{n!}$$

を得る．両辺に $n!$ をかけることで

$$2nH_{n-1}(x) = \frac{\partial H_n(x)}{\partial x}$$

であることが分かる．

　次に母関数 e^{2xt-t^2} を t で微分すると

$$\begin{aligned}\frac{\partial}{\partial t}e^{2xt-t^2} &= (2x-2t)e^{2xt-t^2}\\ &= (2x-2t)\sum_{n=0}^{\infty}\frac{H_n(x)}{n!}t^n\end{aligned}$$

を得る．この場合も母関数を展開した後で微分を行ったもの

$$\begin{aligned}\frac{\partial}{\partial t}e^{2xt-t^2} &= \frac{\partial}{\partial t}\sum_{n=0}^{\infty}\frac{H_n(x)}{n!}t^n\\ &= \sum_{n=0}^{\infty}n\frac{H_n(x)}{n!}t^{n-1}\end{aligned}$$

と等しいはずである．したがって t^n の係数を比較することで

$$2x\frac{H_n(x)}{n!} - 2\frac{H_{n-1}(x)}{(n-1)!} = (n+1)\frac{H_{n+1}(x)}{(n+1)!}$$

が得られ，両辺に $n!$ をかけることで異なるエルミート多項式の漸化式

$$2xH_n(x) - 2nH_{n-1}(x) = H_{n+1}(x) \tag{8.13}$$

を得る．

問題 8.1　エルミート多項式の漸化式をいくつかの $H_n(x)$ $(n : 0, 1, 2, 3)$ を用いて実際に確認せよ.

問題 8.2　エルミート多項式が次の微分形

$$H_n(x) = (-1)^n e^{x^2} \frac{d^n}{dx^n}(e^{-x^2})$$

で表せることを示せ.

問題 8.3　エルミート多項式の母関数を用いて

$$\int_{-\infty}^{\infty} x^2 H_n(x) H_n(x) e^{-x^2}\, dx$$

を求めよ.

付録 A　微分方程式と解のまとめ

ここでは，本書で取り扱った微分方程式の各座標系での表現とその解の関係を考える．

A.1　本書で扱った主な微分方程式

これまで扱ってきた主な微分方程式は

● 波動方程式

$$\nabla^2 u(\boldsymbol{r}, t) = \frac{1}{v^2} \frac{\partial^2 u(\boldsymbol{r}, t)}{\partial t^2}$$

● 熱伝導方程式（拡散方程式）

$$\kappa \nabla^2 u(\boldsymbol{r}, t) = \frac{\partial u(\boldsymbol{r}, t)}{\partial t}$$

● ポアソン方程式（$\boldsymbol{\rho} = \boldsymbol{0} \Rightarrow$ ラプラス方程式）

$$\nabla^2 \phi(\boldsymbol{r}) = -\frac{\rho(\boldsymbol{r})}{\epsilon_0}$$

● シュレディンガー方程式

$$-\frac{\hbar^2}{2m} \left[\nabla^2 + V(\boldsymbol{r}) \right] \psi(\boldsymbol{r}, t) = i\hbar \frac{\partial \psi(\boldsymbol{r}, t)}{\partial t}$$

である．

A.2　微分方程式と解の関係

ここで，$\rho(\boldsymbol{r}) \neq 0, V(\boldsymbol{r}) \neq 0$ の場合は，その $\boldsymbol{r}$ 依存性から個々に微分方程式を解く必要があり，例えば 1 次元で $V(x) = x^2$ のときには，エルミート多項式が，3 次元で $V(\boldsymbol{r}) = 1/|\boldsymbol{r}|$ の場合には，ラゲール多項式が得られる．ここでは，このような個別的な話をせずに $\rho(\boldsymbol{r}) = 0, V(\boldsymbol{r}) = 0$ の場合を考えて，微分

方程式と解の関係を整理する.

　まず, 解の時間依存部分を考えるために, $u(\boldsymbol{r},t) = f(\boldsymbol{r})T(t)$ あるいは, $\psi(\boldsymbol{r},t) = f(\boldsymbol{r})T(t)$ とおくと, それぞれの微分方程式は以下のように変数分離することができ, $T(t)$ は積分によって次のように得ることができる.

- 波動方程式

$$\nabla^2 f(\boldsymbol{r}) = -k^2 f(\boldsymbol{r})$$

$$\frac{1}{v^2}\frac{\partial^2 T}{\partial t^2} = -k^2 T(t) \quad \rightarrow \quad T(t) = e^{i\omega t} \quad (\omega = vk)$$

- 熱伝導方程式 (拡散方程式)

$$\nabla^2 f(\boldsymbol{r}) = -k^2 f(\boldsymbol{r})$$

$$\frac{1}{\kappa}\frac{\partial T(t)}{\partial t} = -k^2 T(t) \quad \rightarrow \quad T(t) = e^{-\kappa k^2 t}$$

- $\rho = 0$ ラプラス方程式

$$\nabla^2 \phi(\boldsymbol{r}) = 0$$

- シュレディンガー方程式 $(V = 0)$

$$\nabla^2 f(\boldsymbol{r}) = -k^2 f(\boldsymbol{r}), \quad k^2 = \frac{2m}{\hbar^2}E$$

$$i\hbar\frac{\partial T}{\partial t} = -ET(t) \quad \rightarrow \quad T(t) = e^{-iEt/\hbar}$$

これらを見比べると, それぞれの方程式の違いは $T(t)$ の部分にだけ現れていて, 空間座標に依存する部分の微分方程式はすべて以下のように表せることが分かる.

$$\nabla^2 f(\boldsymbol{r}) = -k^2 f(\boldsymbol{r})$$

これがヘルムホルツ方程式である.

A.3 ヘルムホルツ方程式の一般解の各座標系での表現

次に，ヘルムホルツ方程式の一般解が各座標系でどのように表現されるか考えてみよう．

- **直交座標系の場合**

境界がまったくない場合や，1次元で有限の長さがある場合，2次元で長方形，3次元で直方体型の境界条件がある場合は直交座標系を用いるのが一般的である．このときは，$f(\boldsymbol{r}) = X(x)Y(y)Z(z)$ とおけば

$$\frac{1}{X}\frac{\partial^2 X}{\partial x^2} = -k_x^2, \quad \frac{1}{Y}\frac{\partial^2 Y}{\partial y^2} = -k_y^2, \quad \frac{1}{Z}\frac{\partial^2 Z}{\partial z^2} = -k_z^2$$

と変数分離できる．ここで，k_x, k_y, k_z は $k^2 = k_x^2 + k_y^2 + k_z^2$ を満たす定数である．したがって，一般解は

$$f(\boldsymbol{r}) = \sum_{k_x, k_y, k_z} c_{k_x, k_y, k_z} e^{i(k_x x + k_y y + k_z z)}, \quad k_x^2 + k_y^2 + k_z^2 = k^2$$

となる．c_{k_x, k_y, k_z} は任意の定数であり，1次元や2次元の場合であれば，$X(x)$ や $X(x)Y(y)$ だけを考えればよい．このように直交座標系を用いると，任意の平面波の重ね合わせがこの方程式の解になる．境界条件があれば，k_x, k_y, k_z に制限がかかることになる．本書では，1次元熱伝導方程式に対して，この一般解をもとに，境界条件，初期条件を考えて具体的な解を求めた．

- **2次元極座標の場合**

円形の境界条件がある場合には2次元極座標系を用いるのが適切である．本書では，太鼓の波動方程式を考えた．2次元極座標では，ラプラシアンは

$$\nabla^2 = \frac{\partial^2}{\partial r^2} + \frac{1}{r}\frac{\partial}{\partial r} + \frac{1}{r^2}\frac{\partial^2}{\partial \theta^2}$$

と表される．$f(\boldsymbol{r}) = R(r)\Theta(\theta)$ とおいて解くと

$$r^2 \frac{1}{R}\frac{\partial^2 R}{\partial r^2} + \frac{r}{R}\frac{\partial R}{\partial r} + (k^2 r^2 - n^2) = 0 \quad \rightarrow \quad R(r) = J_n(kr)$$

$$\frac{1}{\Theta}\frac{\partial^2 \Theta}{\partial \theta^2} = -n^2 \quad \rightarrow \quad \Theta(\theta) = e^{in\theta}$$

となる．Θ の一価性 $\Theta(\theta + 2\pi) = \Theta(\theta)$ より，n は整数に量子化され，その結果 r 方向は整数次のベッセル関数 $J_n(kr)$ で表されることになる．ここでは，原点で正則な解のみを考えているが，原点で正則ではない解まで含むなら $R(r)$ として第 2 種ベッセル関数（ノイマン関数）も考える必要がある．

　まとめると，原点で正則な一般解は

$$f(\boldsymbol{r}) = \sum_{n=0}^{\infty} J_n(kr)(A_n e^{in\theta} + B_n e^{-in\theta})$$

と表される．

● 3 次元極座標の場合

　球状の境界条件が与えられている場合には 3 次元極座標系が適している．また，ポアソン方程式における $\rho(\boldsymbol{r})$ やシュレディンガー方程式において $V(\boldsymbol{r})$ が 0 でない場合も，$V(\boldsymbol{r})$ に角度依存性がない場合には，角度方向の方程式は $\rho(\boldsymbol{r})$ や $V(\boldsymbol{r})$ が 0 のときと同じものが得られる．そのため，3 次元極座標系における角度方向の微分方程式の解はとても重要である．
3 次元極座標では，ラプラシアンは

$$\nabla^2 = \frac{1}{r^2}\frac{\partial^2}{\partial r^2} + \frac{2}{r}\frac{\partial}{\partial r} + \frac{1}{r^2}\left(\frac{1}{\sin\theta}\frac{\partial}{\partial\theta}\left(\sin\theta\frac{\partial}{\partial\theta}\right) + \frac{1}{\sin^2\theta}\frac{\partial^2}{\partial\phi^2}\right)$$

と表される．$f(\boldsymbol{r}) = R(r)\Theta(\theta)\Phi(\phi)$ とおいて解くと，

$$r^2\frac{1}{R}\frac{\partial^2 R}{\partial r^2} + \frac{2r}{R}\frac{\partial R}{\partial r} + k^2 r^2 - l(l+1) = 0$$
$$\rightarrow \quad R(r) = j_l(kr)$$

$$\left[\frac{1}{\sin\theta}\frac{\partial}{\partial\theta}\left(\sin\theta\frac{\partial}{\partial\theta}\right) - \frac{m^2}{\sin^2\theta}\right]\Theta(\theta) = -l(l+1)\Theta(\theta)$$
$$\rightarrow \quad \Theta(\theta) = P_l^{|m|}(\theta)$$

$$\frac{\partial^2}{\partial \phi^2}\Phi(\phi) = -m^2\Phi(\phi) \quad \rightarrow \quad \Phi(\phi) = e^{im\phi}$$

のようにそれぞれの微分方程式を解くことができる. $j_l(kr)$ は球ベッセル関数であり, 2次元の場合同様, 原点で正則でないものまで考えるなら球ノイマン関数を考える必要がある. $P_l^{|m|}(\theta)$ はルジャンドルの陪関数である. Φ の一価性 $\Phi(\phi + 2\pi) = \Phi(\phi)$ より, m は整数であり, $\Theta(\theta)$ が $0 \leq \theta \leq \pi$ で正則であるための条件から l は整数となり量子化される.

まとめると, 原点で正則な一般解は

$$f(\boldsymbol{r}) = \sum_{l=0}^{\infty}\sum_{m=-l}^{l} A_{lm} j_l(kr) P_l^{|m|}(\theta) e^{im\phi}$$

となる. ここで, θ, ϕ 方向をまとめた球面調和関数 $Y_l^m(\theta, \phi)$ を用いると

$$f(\boldsymbol{r}) = \sum_{l=0}^{\infty}\sum_{m=-l}^{l} A'_{lm} j_l(kr) Y_l^m(\theta, \phi)$$

となる.

なお, $f(\boldsymbol{r})$ が ϕ によらない場合, $m = 0$ とすることで

$$\left[\frac{1}{\sin\theta}\frac{\partial}{\partial\theta}\left(\sin\theta\frac{\partial}{\partial\theta}\right)\right]\Theta(\theta) = -l(l+1)\Theta(\theta) \quad \rightarrow \quad \Theta(\theta) = P_l(\theta)$$

となり, ルジャンドル多項式 $P_l(\theta)$ が現れる.

参考文献

- **詳解 物理応用数学演習**

  後藤憲一，山本邦夫，神吉健 共編，共立出版，1979

  非常に多岐にわたる内容が網羅されている．各トピックにおける重要な点の説明を演習問題とその解答という形で列挙してあり，辞書のように分からない点を調べることができる．

- **基礎物理数学**

  ショージ・アルフケン，ハンス・ウェーバー 著，講談社，1999–2002

  Vol.1　ベクトル・テンソルと行列
  Vol.2　関数論と微分方程式
  Vol.3　特殊関数
  Vol.4　フーリエ変換と変分法

  内容は高度であるが，非常に丁寧に書かれており読みやすい．

  本書では複素関数論の知識が必要となる．複素関数論に関する良書はいろいろあるが，例えば以下の教科書がある．

- **複素関数入門**

  R.V. チャーチル，J.W. ブラウン 著，マグロウヒル出版，1975

問題の解答

第 1 章

問題 1.1

$0 \leq x < 1$ では，部分和は

$$S_m(x) = \sum_{n=0}^{m} (1-x)x^n = (1-x)\frac{1-x^m}{1-x} = 1-x^m$$

で与えられる．よって，$0 \leq x < 1$ において $f(x) = S(x) = \lim_{m \to \infty} S_m(x) = 1$ となる．このとき，ある小さな ϵ に対して $0 \leq x < 1$ の任意の x に対して，$m > N$ で

$$|S(x) - S_m(x)| = |x^m| < \epsilon$$

となるような N を決定することができない（どのような N をとってきても，十分 1 に近い x をもってくると x^m が ϵ より大きくなる）．したがって，この関数項級数は一様収束しない．

なお，この関数項級数は

$$f(x) = 1 \quad (0 \leq x < 1)$$
$$f(x) = 0 \quad (x = 1)$$

であり，個々の $f_n(x)$ は連続であるが，$f(x)$ は $x = 1$ で不連続である．

問題 1.2

$\lim_{n \to \infty} \left| \frac{a_{n+1}}{a_n} \right| = l$ より，任意の正の微小量 ϵ に対して，$m > M$ のすべての整数 m について

$$l - \epsilon < \left| \frac{a_{m+1}}{a_m} \right| < l + \epsilon$$

が成り立つ M が必ず存在する．したがって

$$|a_m|(l - \epsilon) < |a_{m+1}| < |a_m|(l + \epsilon)$$

となり

$$\sum_{n=M}^{\infty} |a_M|(l - \epsilon)^{n-M} < \sum_{n=M}^{\infty} |a_n| < \sum_{n=M}^{\infty} |a_M|(l + \epsilon)^{n-M}$$

より

$$\lim_{n \to \infty} |a_M| \frac{1 - (l - \epsilon)^{n-M+1}}{1 - l + \epsilon} < \sum_{n=M}^{\infty} |a_n| < \lim_{n \to \infty} |a_M| \frac{1 - (l + \epsilon)^{n-M+1}}{1 - l - \epsilon}$$

が成り立つ. $0 < l < 1$ であれば $0 < l - \epsilon < l < l + \epsilon < 1$ となる微小量 ϵ を常に選ぶことができるので, $\epsilon \to 0$ の極限で

$$\lim_{n \to \infty} |a_M| \frac{1 - (l - \epsilon)^{n-M+1}}{1 - l + \epsilon}$$

と

$$\lim_{n \to \infty} |a_M| \frac{1 - (l + \epsilon)^{n-M+1}}{1 - l - \epsilon}$$

は共に同じ値に収束する. $n = M$ までの項の和は有限なので, $l < 1$ であれば無限級数 $\sum_{n=0}^{\infty} a_n$ は絶対収束する.

問題 1.3

$$\sum_{n=0}^{\infty} x^n = \lim_{n \to \infty} \frac{1 - x^{n+1}}{1 - x}$$

より, $|x| < 1$ で収束し, $|x| > 1$ で発散する. したがって収束半径 R は 1 になる.

問題 1.4

$$F(x) = \sum_{n=0}^{\infty} a_n (x - a)^n$$

とすると, $F(x)$ の n 階微分 $F^{(n)}(x)$ の $x = a$ での値 $F^{(n)}(a)$ は $a_n n!$ になる. したがって,

$$a_n = \frac{f^{(n)}(a)}{n!}$$

とすることで,

$$F^{(n)}(a) = f^{(n)}(a)$$

が成り立つ.

問題 1.5

$$\sin kx = kx - \frac{(kx)^3}{3!} + \frac{(kx)^5}{5!} - \cdots + (-1)^n \frac{(kx)^{2n+1}}{(2n+1)!} + \cdots$$

問題 1.6

上式右辺を微分することで

$$k - k\frac{(kx)^2}{2!} + k\frac{(kx)^4}{4!} - \cdots + (-1)^n k\frac{(kx)^{2n}}{(2n)!} + \cdots$$

$$= k\left\{ 1 - \frac{(kx)^2}{2!} + \frac{(kx)^4}{4!} - \cdots + (-1)^n \frac{(kx)^{2n}}{(2n)!} + \cdots \right\}$$

$$= k\cos kx.$$

第 2 章

問題 2.1

$n \neq m$ の場合

$$\int_{-\pi}^{\pi} \cos(nx)\sin(mx)dx$$

$$= \frac{1}{2}\int_{-\pi}^{\pi} \{\sin((n+m)x) - \sin((n-m)x)\}dx$$

$$= -\frac{1}{2}\frac{1}{n+m}\left[\cos((n+m)x)\right]_{-\pi}^{\pi}$$

$$\quad + \frac{1}{2}\frac{1}{n-m}\left[\cos((n-m)x)\right]_{-\pi}^{\pi}$$

$$= 0$$

$$\int_{-\pi}^{\pi} \cos(nx)\cos(mx)dx$$

$$= \frac{1}{2} \int_{-\pi}^{\pi} \{\cos((n+m)x) + \cos((n-m)x)\}dx$$

$$= \frac{1}{2} \frac{1}{n+m} \left[\sin((n+m)x)\right]_{-\pi}^{\pi}$$

$$+ \frac{1}{2} \frac{1}{n-m} \left[\sin((n-m)x)\right]_{-\pi}^{\pi}$$

$$= 0$$

$$\int_{-\pi}^{\pi} \sin(nx) \sin(mx)dx$$

$$= \frac{1}{2} \int_{-\pi}^{\pi} \{-\cos((n+m)x) + \cos((n-m)x)\}dx$$

$$= -\frac{1}{2} \frac{1}{n+m} \left[\sin((n+m)x)\right]_{-\pi}^{\pi}$$

$$+ \frac{1}{2} \frac{1}{n-m} \left[\sin((n-m)x)\right]_{-\pi}^{\pi}$$

$$= 0$$

$n = m \neq 0$ の場合

$$\int_{-\pi}^{\pi} \cos(nx) \sin(nx)dx = \frac{1}{2} \int_{-\pi}^{\pi} \{\sin((n+n)x) - 0\}dx$$

$$= -\frac{1}{2} \frac{1}{2n} \left[\cos(2nx)\right]_{-\pi}^{\pi}$$

$$= 0$$

$$\int_{-\pi}^{\pi} \cos(nx) \cos(nx)dx = \frac{1}{2} \int_{-\pi}^{\pi} \{\cos((n+n)x) + 1\}dx$$

$$= \frac{1}{2} \frac{1}{2n} \left[\sin(2nx)\right]_{-\pi}^{\pi} + \frac{1}{2} [x]_{-\pi}^{\pi}$$

$$= \pi$$

$$\int_{-\pi}^{\pi} \sin(nx) \sin(nx)dx = \frac{1}{2} \int_{-\pi}^{\pi} \{-\cos((n+n)x) + 1\}dx$$

$$= -\frac{1}{2} \frac{1}{2n} \left[\sin(2nx)\right]_{-\pi}^{\pi} + \frac{1}{2} [x]_{-\pi}^{\pi}$$

$$= \pi$$

$n = m = 0$ の場合

$$\int_{-\pi}^{\pi} \cos(0 \cdot x)\cos(0 \cdot x)dx = \int_{-\pi}^{\pi} 1 \cdot dx$$
$$= 2\pi$$

問題 2.2

$$f(x) = \sum_{n=1}^{\infty} \frac{2}{\pi n}(1 - (-1)^n)\sin nx = \frac{4}{\pi}\sum_{m=1}^{\infty}\frac{\sin(2m-1)x}{2m-1}.$$

問題 2.3

$$f(x) = \frac{\pi}{2} - \frac{4}{\pi}\sum_{m=1}^{\infty}\frac{\cos(2m-1)x}{(2m-1)^2}.$$

問題 2.4

1.

$$f(x) = \sum_{n=1}^{\infty}(-1)^{n+1}\frac{2\sin(nx)}{n}.$$

に $x = \pi$ を代入すると $\sin(n\pi) = 0$ より $f(\pi) = 0$.

一方, $f(x) = x$ は $f(\pi - 0) = \pi$, $f(\pi + 0) = f(-\pi + 0) = -\pi$ より, フーリエ級数の $x = \pi$ での値は $[f(\pi - 0) + f(\pi + 0)]/2$ となっている.

2.　フーリエ級数を微分すると

$$f'(x) = \sum_{n=1}^{\infty}2(-1)^{n+1}\cos(nx).$$

であるが, これは, 例えば $x = 0$ を代入すると $\sum_{n=1}^{\infty}2(-1)^{n+1}$ となり, 振動するため収束しない.

問題 2.5

本文中に記載.

問題 2.6

1.

$$\lim_{N \to \infty} \frac{1}{2\pi} \int_{-N}^{N} e^{ik(x-x')} dk = \lim_{N \to \infty} \frac{1}{2\pi} \left[\frac{e^{ik(x-x')}}{i(x-x')} \right]_{-N}^{N}$$

$$= \lim_{N \to \infty} \frac{1}{\pi} \frac{\sin N(x-x')}{x-x'}$$

2.
$$\lim_{\epsilon \to 0} \frac{1}{2\pi} \int_{-\infty}^{\infty} e^{ik(x-x')-\epsilon k^2} dk = \lim_{\epsilon \to 0} \frac{1}{2\pi} \int_{-\infty}^{\infty} e^{-\epsilon(k-i(x-x')/2\epsilon)^2 - (x-x')^2/4\epsilon} dk$$

$$= \lim_{\epsilon \to 0} \frac{1}{2\pi} \sqrt{\frac{\pi}{\epsilon}} e^{-(x-x')^2/4\epsilon}$$

$$= \lim_{a \to 0} \frac{1}{\sqrt{\pi}a} e^{-(x-x')^2/a^2} \tag{1}$$

なお，式 (1) では，4ϵ を a^2 と書き直した.

3.
$$\lim_{\epsilon \to 0} \frac{1}{2\pi} \int_{-\infty}^{\infty} e^{ik(x-x')-\epsilon|k|} dk$$

$$= \lim_{\epsilon \to 0} \frac{1}{2\pi} \left[\int_{-\infty}^{0} e^{ik(x-x')+\epsilon k} dk + \int_{0}^{\infty} e^{ik(x-x')-\epsilon k} dk \right]$$

$$= \lim_{\epsilon \to 0} \frac{1}{2\pi} \left(\left[\frac{e^{ik(x-x')+\epsilon k}}{i(x-x')+\epsilon} \right]_{-\infty}^{0} + \left[\frac{e^{ik(x-x')-\epsilon k}}{i(x-x')-\epsilon} \right]_{0}^{\infty} \right)$$

$$= \lim_{\epsilon \to 0} \frac{\epsilon}{\pi\{(x-x')^2+\epsilon^2\}}$$

第 3 章

問題 3.1

$f(t) = A\delta(t)$ が式 (3.3) のフーリエ変換によって得られるとすると $F(\omega) = A/(2\pi)$ となる. したがって

$$X(\omega) = \frac{A/m}{2\pi} \frac{1}{-\omega^2 + 2i\gamma\omega + \omega_0^2}$$

これを逆変換すれば $x(t)$ が求まる. すなわち

$$x(t) = \frac{A/m}{2\pi} \int_{-\infty}^{\infty} d\omega \frac{e^{i\omega t}}{-\omega^2 + 2i\gamma\omega + \omega_0^2}$$

あとは，この積分を実行すればよい. 具体的には，被積分関数の分母の極 $\omega = i\gamma \pm \sqrt{\omega_0^2 - \gamma^2}$ の位置と t の符号を考慮して複素積分を行う.

$t < 0$ では，$x(t) = 0$.

$t > 0$ では，$\omega_0 > \gamma$ のとき

$$x(t) = \frac{A/m}{\sqrt{\omega_0^2 - \gamma^2}}\, e^{-\gamma t} \sin\left(\sqrt{\omega_0^2 - \gamma^2}\ t\right)$$

$\omega_0 = \gamma$ のとき

$$x(t) = (A/m)te^{-\gamma t}$$

$\omega_0 < \gamma$ のとき

$$x(t) = \frac{A/m}{\sqrt{\gamma^2 - \omega_0^2}}\, e^{-\gamma t} \sinh\left(\sqrt{\gamma^2 - \omega_0^2}\ t\right)$$

なお $f(t) = A\delta(t)$ は $t = 0$ で力積 A を与えたこと，すなわち $t = 0$ で速度 A/m を与えたことに対応する．

問題 3.2

一般解は式 (3.4) で与えられるが，$x = 0, L$ での境界条件を考えるため，

$$u(x,t) = \int_{-\infty}^{\infty} c_q\, e^{iqx - Dq^2 t}\, dq = \int_0^{\infty} (a_q \cos qx + b_q \sin qx)\, e^{-Dq^2 t}\, dq$$

と式変形する．$x = 0$ で熱が流れない境界条件 $\frac{\partial u}{\partial x}(0,t) = 0$ を考えると

$$\frac{\partial u}{\partial x}(0,t) = 0 \rightarrow \int_0^{\infty} b_q q e^{-Dq^2 t} dq = 0 \rightarrow b_q = 0$$

となる．次にもう一方の境界条件を考えると

$$\frac{\partial u}{\partial x}(L,t) = 0 \rightarrow \int_0^{\infty} q a_q \sin qL\, e^{-Dq^2 t} dq = 0 \rightarrow a_q \sin qL = 0.$$

したがって，$a_q \neq 0$ となるのは，$q = m\pi/L$ (m:整数) のときのみである．よって，境界条件を満たす一般解は

$$u(x,t) = \left(\frac{a_0}{2} + \sum_{m=1}^{\infty} a_m \cos\frac{m\pi}{L}x\right) e^{-D\left(\frac{m\pi}{L}\right)^2 t}.$$

次に初期条件を用いると

$$a_m = \frac{2}{L} \int_0^L \cos\left(\frac{m\pi}{L}x\right) A\delta(x - L/2)\, dx$$

と計算でき，m が偶数のとき

$$a_{m=2n} = \frac{2A}{L}(-1)^n,$$

m が奇数のとき

$$a_{m=2n+1} = 0$$

となる．よって，まとめると

$$u(x,t) = \frac{A}{L} + \frac{2A}{L} \sum_{n=1}^{\infty} (-1)^n \cos\left(\frac{2n}{L}\pi x\right) e^{-D\left(\frac{2n}{L}\pi\right)^2 t}.$$

$t \to \infty$ のとき，両端を $u = 0$ にした場合は $u(x,t) \to 0$ となるのに対し，両端を断熱した場合 $u(x,t) \to A/L$ となる．両端を断熱した場合，熱の総量 $\int_0^L u(x,t)dx$ が時間によらず A になっている．

第 4 章

問題 4.1

$\cos\omega t = (e^{i\omega t} + e^{-i\omega t})/2$ をラプラス変換の定義に代入して

$$F(s) = s/(s^2 + \omega^2)$$

を得る．

同様にして $\sin\omega t = (e^{i\omega t} - e^{-i\omega t})/(2i)$ をラプラス変換の定義に代入して

$$F(s) = \omega/(s^2 + \omega^2)$$

を得る．

問題 4.2

$$\int_0^\infty e^{-st}\{e^{at}f(t)\}dt = \int_0^\infty e^{-(s-a)t}f(t)dt = F(s-a)$$

問題 4.3

1.　運動方程式の両辺をラプラス変換すると

$$m \left[s^2 X(s) - s x_0 - v_0 + 2\gamma(sX(s) - x_0) + \omega_0^2 X(s) \right] = 0$$

よって

$$X(s) = \frac{s x_0 + v_0 + 2\gamma x_0}{s^2 + 2\gamma s + \omega_0^2}$$

2.　$X(s)$ を以下のように式変形する.

$$X(s) = x_0 \frac{(s + \gamma)}{(s + \gamma)^2 + \Omega^2} + \frac{v_0 + \gamma x_0}{\Omega} \frac{\Omega}{(s + \gamma)^2 + \Omega^2}$$

ここで，$\Omega \equiv \sqrt{\omega_0^2 - \gamma^2}$. 1，2 の結果より

$$f(t) = e^{-\gamma t} \cos \Omega t \to F(s) = \frac{s + \gamma}{(s + \gamma)^2 + \Omega^2},$$
$$f(t) = e^{-\gamma t} \sin \Omega t \to F(s) = \frac{\Omega}{(s + \gamma)^2 + \Omega^2}$$

であることを利用して $X(s)$ を逆変換すると

$$x(t) = e^{-\gamma t} \left[x_0 \cos \Omega t + \frac{v_0 + \gamma x_0}{\Omega} \sin \Omega t \right]$$

を得る.

第 6 章

問題 6.1

縁が固定された太鼓の膜の場合，高次振動モードの振動数は最低振動モードの振動数の整数倍になることはないが，弦の場合には，整数倍になる．これは一般に不協和音，協和音と呼ばれる違いを生み出す.

問題 6.2

太鼓の膜の中心を叩くと，円対称な振動モードだけが生成されるが，縁の付近を叩くと，円対称でない振動モードも誘起され，新たな不協和音が加わる．太いバチで叩いたときの膜の変形は細いバチで叩いたときの変形より空間的に緩やかになり，より低次の振動モードの成分が大きくなる．そのため，太いバチで叩いたときの方が音が低

く聞こえる.

問題 6.3

$$J_0(x) = \sum_{n=0}^{\infty} \frac{(-1)^n}{2^{2n}(n!)^2} x^{2n}$$

を微分すると

$$J_0'(x) = \sum_{n=1}^{\infty} \frac{(-1)^n}{2^{2n-1}n!(n-1)!} x^{2n-1}$$

$$= \sum_{n=0}^{\infty} \frac{-(-1)^n}{2^{2n+1}n!(n+1)!} x^{2n+1}$$

を得る.さらに微分すると

$$J_0''(x) = \sum_{n=0}^{\infty} \frac{-(-1)^n(2n+1)}{2^{2n+1}n!(n+1)!} x^{2n}.$$

したがって

$$J_0''(x) + J_0'(x)/x = \sum_{n=0}^{\infty} \frac{-(-1)^n(2n+1)}{2^{2n+1}n!(n+1)!} x^{2n} + \sum_{n=0}^{\infty} \frac{-(-1)^n}{2^{2n+1}n!(n+1)!} x^{2n}$$

$$= \sum_{n=0}^{\infty} \frac{-(-1)^n(2n+2)}{2^{2n+1}n!(n+1)!} x^{2n}$$

$$= \sum_{n=0}^{\infty} \frac{-(-1)^n}{2^{2n}(n!)^2} x^{2n} = -J_0(x)$$

であるから 0 次のベッセルの微分方程式 $y'' + y'/x + y = 0$ を満たす.

問題 6.4

式 (6.19)-(6.24) より確認できる.

問題 6.5

式 (6.20) に $x = z, t = ie^{i\theta}$ を代入することで

$$\sum_{n=-\infty}^{\infty} J_n(z)i^n e^{in\theta} = \exp\left[\frac{z}{2}\left(ie^{i\theta} + ie^{-i\theta}\right)\right] = e^{iz\cos\theta}.$$

問題 6.6

$s > 1$ のとき，式 (6.26) より，成り立つ．

また，$s \leq 1$ のときは，漸化式

$$\Gamma(s) = (s-1)\Gamma(s-1)$$

がガンマ関数の定義となる．

$\Gamma(1/2) = \sqrt{\pi}$ であるから，

$\Gamma(-3/2) = (-3/2)^{-1}(-1/2)^{-1}\Gamma(1/2)$ より，$\Gamma(-3/2) = (4/3)\sqrt{\pi}$．

問題 6.7

$$J_0(x) = \sum_{n=0}^{\infty} \frac{(-1)^n}{2^{2n}(n!)^2} x^{2n}$$

より

$$\begin{aligned}
J_0'(x) &= \sum_{n=1}^{\infty} \frac{(-1)^n}{2^{2n-1}n!(n-1)!} x^{2n-1} \\
&= \sum_{n=0}^{\infty} \frac{-(-1)^n}{2^{2n+1}n!(n+1)!} x^{2n+1} \\
&= -J_1(x) = J_{-1}(x)
\end{aligned}$$

となるが，これは

$$J_{-1}(x) = -J_1(x)$$

であることと

$$2\frac{d}{dx}J_\nu(x) = J_{\nu-1}(x) - J_{\nu+1}(x)$$

より

$$\frac{d}{dx}J_0(x) = J_{-1}(x)$$

が得られることと対応している．

問題 6.8

ベッセル関数の母関数 (6.20) の両辺を t で微分すると

$$\frac{x}{2}\left(1 + \frac{1}{t^2}\right)\exp\left[\frac{x}{2}\left(t - \frac{1}{t}\right)\right] = \sum_n J_n(x)\, nt^{n-1}$$

両辺 t をかけて整理すると

$$\frac{x}{2}\sum_n (J_{n-1} + J_{n+1})t^n = \sum_n nJ_n t^n$$

よって，t^n の係数を比較することで式 (6.35) が得られる．同様にして，式 (6.20) の両辺を x で微分して整理すると，式 (6.36) が得られる．

第 7 章

問題 7.1

$$P_0(x) = 1$$
$$P_1(x) = x$$
$$P_2(x) = \frac{1}{2}(3x^2 - 1)$$
$$P_3(x) = \frac{1}{2}(5x^3 - 3x)$$

に $x = \pm 1$ を代入することで確認できる．

問題 7.2

$X = 2tx - t^2$ とおき，$(1 - X)^{-1/2}$ をテイラー展開すると

$$\frac{1}{\sqrt{1-X}} = 1 + \frac{1}{2}X + \frac{1}{2}\frac{3}{2}\frac{1}{2!}X^2 + \frac{1}{2}\frac{3}{2}\frac{5}{2}\frac{1}{3!}X^3 + \cdots + \frac{(2k-1)!!}{2^k k!}X^k + \cdots$$

を得る．次に

$$X^k = (2tx - t^2)^k = \sum_{l=0}^{k}\frac{(-1)^{k-l}k!}{l!(k-l)!}(2tx)^l t^{2(k-l)}$$

$$= \sum_{l=0}^{k}\frac{(-1)^{k-l}k!}{l!(k-l)!}2^l x^l t^{2k-l}$$

を代入することで

$$\frac{1}{\sqrt{1-2tx+t^2}} = \sum_{k=0}^{\infty}\sum_{l=0}^{k}\frac{(2k-1)!!}{2^k k!}\frac{(-1)^{k-l}k!}{l!(k-l)!}2^l x^l t^{2k-l}$$

$$= \sum_{k=0}^{\infty}\sum_{l=0}^{k}\frac{(-1)^{k-l}(2k-1)!!}{2^{k-l}l!(k-l)!}x^l t^{2k-l} \tag{1}$$

が得られる．ここで

$$l = n - 2m \tag{2}$$

$$n = 2k - l \tag{3}$$

となるパラメータ $m,\ n$ を定義して，k,l を消去することを考えると

$$n = k + m$$

であり，また，l についての和の条件 $0 \le l \le k$ が

$$0 \le n - 2m \le n - m$$

と変形でき，この式の各項に $2m$ を加えることで

$$2m \le n \le n + m$$

となることから，m に対して次の条件

$$2m \le n \tag{4}$$

$$0 \le m \tag{5}$$

を得る．式 (2)，式 (3)，式 (4)，式 (5) を用いて式 (1) の k,l を消去すると $[n/2]$ を $n/2$ を越えない整数として

$$\frac{1}{\sqrt{1-2tx+t^2}} = \sum_{n=0}^{\infty}\sum_{m}^{[n/2]}\frac{(-1)^m(2n-2m-1)!!}{2^m m!(n-2m)!}x^{n-2m}t^n$$

を得るが，これは式 (7.6) の $P_n(x)$ を係数とする t についてのベキ級数展開

$$\frac{1}{\sqrt{1-2tx+t^2}} = \sum_{n}P_n(x)t^n$$

に等しい．

問題 7.3

余弦定理より

$$R_X = \sqrt{r^2 - 2rr'\cos\theta + r'^2}$$

であるから，ルジャンドル関数の母関数表記 (7.8)

$$\frac{1}{\sqrt{1 - 2tx + t^2}} = \sum_n P_n(x)t^n$$

において，$t = r'/r$，$x = \cos\theta$ を代入して

$$\frac{1}{R_X} = \frac{1}{\sqrt{r^2 - 2rr'\cos\theta + r'^2}} = \frac{1}{r}\sum_n P_n(\cos\theta)\left(\frac{r'}{r}\right)^n$$

を得る．

問題 7.4

問題 7.3 の結果を用いると点 $(0, 0, a)$ の電荷 q によって生じる電位は

$$V(r, \theta, \phi) = \frac{q}{4\pi\epsilon_0}\frac{1}{\sqrt{a^2 + 2ar\cos\theta + r^2}}$$
$$= \frac{q}{4\pi\epsilon_0 r}\sum_n \left(\frac{a}{r}\right)^n P_n(\cos\theta)$$

となる．ただし，最後の等式は $r > a$ でのみ成り立つ．同様に点 $(0, 0, -a)$ の電荷 $-q$ によって生じる電位は

$$V(r, \theta, \phi) = -\frac{q}{4\pi\epsilon_0 r}\sum_n \left(-\frac{a}{r}\right)^n P_n(\cos\theta)$$

であり，この 2 つの寄与を合わせると

$$V(r, \theta, \phi) = \frac{q}{4\pi\epsilon_0 r}\sum_n \left[\left(\frac{a}{r}\right)^n - \left(-\frac{a}{r}\right)^n\right] P_n(\cos\theta)$$
$$= \frac{q}{2\pi\epsilon_0 r}\left[\left(\frac{a}{r}\right) P_1(\cos\theta) + \left(\frac{a}{r}\right)^3 P_3(\cos\theta) + \cdots\right]$$

となる．第 1 項が最低次の項で電気双極子の寄与を表しており，第 2 項が次の次数の寄与を表している．

問題 7.5

1. 母関数表記 (7.8)

$$\frac{1}{\sqrt{1 - 2tx + t^2}} = \sum_{n=0}^{\infty} P_n(x) t^n$$

の両辺に $(1 - 2xt + t^2)\frac{\partial}{\partial t}$ を作用させると

$$(左辺) = \frac{-(t - x)}{\sqrt{1 - 2tx + t^2}} = (x - t) \sum_{n=0}^{\infty} P_n(x) t^n$$

$$= xP_0(x) + \sum_{n=1}^{\infty} t^n (xP_n(x) - P_{n-1}(x))$$

$$(右辺) = (1 - 2xt + t^2) \sum_{n=1}^{\infty} nt^{n-1} P_n(x)$$

$$= P_1(x) + \sum_{n=1}^{\infty} t^n [(n+1)P_{n+1}(x) - 2xnP_n(x) + (n-1)P_{n-1}(x)]$$

したがって

$$\sum_{n=0}^{\infty} t^n [(n+1)P_{n+1}(x) - (2n+1)xP_n(x) + nP_{n-1}(x)] = 0$$

が成り立つ. これが任意の t について成立するためには

$$(n+1)P_{n+1}(x) - (2n+1)xP_n(x) + nP_{n-1}(x) = 0$$

が成り立っていなければならない.

2. 母関数表記 (7.8) の両辺に $(1 - 2xt + t^2)\frac{\partial}{\partial x}$ を作用させると

$$(左辺) = \frac{t}{\sqrt{1 - 2tx + t^2}} = t \sum_{n=0}^{\infty} P_n(x) t^n$$

$$= tP_0(x) + \sum_{n=1}^{\infty} t^{n+1} P_n(x)$$

$$(右辺) = (1 - 2xt + t^2) \sum_{n=1}^{\infty} t^n P_n'(x)$$

$$= tP_1'(x) + \sum_{n=1}^{\infty} t^{n+1} [P_{n+1}'(x) - 2xP_n'(x) + P_{n-1}'(x)]$$

したがって $P_0'(x) = 0$, $P_1'(x) - P_0(x) = 0$ であることに留意すると

$$\sum_{n=0}^{\infty} t^{n+1}[P_{n+1}'(x) - 2xP_n'(x) + P_{n-1}'(x) - P_n(x)] = 0$$

が成り立つ．これが任意の t について成立するためには

$$P_{n+1}'(x) - 2xP_n'(x) + P_{n-1}'(x) - P_n(x) = 0$$

が成り立っていなければならない．

問題 7.6

ラプラス方程式をラプラシアンの 3 次元極座標表示を用いて変数分離すると，式 (7.3) と $\frac{\partial^2 f}{\partial r^2} + \frac{2}{r}\frac{\partial f}{\partial r} - \nu(\nu+1)\frac{f}{r^2} = 0$ の 2 つの方程式が得られる．$\nu = n$ とおけば，問題文の式に変形できる．なお，$Y(\theta, \phi)$ が正則であるためには，$\nu = n$ が整数である必要がある．$Y(\theta, \phi)$ が ϕ によらない場合，ϕ に依存する場合は，7.2 節，7.7 節でそれぞれ示した通りである．

問題 7.7

代入すれば明らか．

問題 7.8

式 (7.21) を整理すると

$$\frac{d^{n-m}}{dx^{n-m}}(x^2-1)^n = \frac{(n-m)!}{(n+m)!}(x^2-1)^m \frac{d^{n+m}}{dx^{n+m}}(x^2-1)^n \tag{1}$$

と変形できるので，この式 (1) を証明することにする．この式の左辺と右辺の微分をライプニッツの公式を用いて実行すると

$$
\begin{aligned}
&\frac{d^{n-m}}{dx^{n-m}}(x^2-1)^n \\
&= \sum_{l=0}^{n-m} \frac{(n-m)!}{(n-m-l)!l!} \frac{d^{n-m-l}}{dx^{n-m-l}}(x+1)^n \frac{d^l}{dx^l}(x-1)^n \\
&= \sum_{l=0}^{n-m} \frac{(n-m)!}{(n-m-l)!l!} \frac{n!}{(m+l)!}(x+1)^{m+l} \frac{n!}{(n-l)!}(x-1)^{n-l}
\end{aligned}
\tag{2}
$$

$$\frac{d^{n+m}}{dx^{n+m}}(x^2-1)^n$$

$$= \sum_{l=0}^{n+m} \frac{(n+m)!}{(n+m-l)!l!} \frac{d^{n+m-l}}{dx^{n+m-l}}(x+1)^n \frac{d^l}{dx^l}(x-1)^n$$

$$= \sum_{l=m}^{n} \frac{(n+m)!}{(n+m-l)!l!} \frac{n!}{(l-m)!}(x+1)^{l-m} \frac{n!}{(n-l)!}(x-1)^{n-l}$$

$$= \sum_{l'=0}^{n-m} \frac{(n+m)!}{(n-l')!(m+l')!} \frac{n!}{l'!}(x+1)^{l'} \frac{n!}{(n-m-l')!}(x-1)^{n-m-l'} \qquad (3)$$

最後の式変形では，$l' = l - m$ とおいた．式 (2)，式 (3) を見比べると式 (1) が成り立っていることが分かる．

問題 7.9

$$\boldsymbol{L} = \boldsymbol{r} \times (-i\hbar\boldsymbol{\nabla})$$

$$= -i\hbar \, r\boldsymbol{e}_r \times \left(\boldsymbol{e}_r \frac{\partial}{\partial r} + \boldsymbol{e}_\theta \frac{1}{r}\frac{\partial}{\partial\theta} + \boldsymbol{e}_\phi \frac{1}{r\sin\theta}\frac{\partial}{\partial\phi} \right)$$

$$= -i\hbar \left(\boldsymbol{e}_\phi \frac{\partial}{\partial\theta} - \boldsymbol{e}_\theta \frac{1}{\sin\theta}\frac{\partial}{\partial\phi} \right)$$

これを成分表示すれば式 (7.26) - (7.28) を得る．また，

$$\boldsymbol{L}^2 = -\hbar^2 \left(\boldsymbol{e}_\phi \frac{\partial}{\partial\theta} - \boldsymbol{e}_\theta \frac{1}{\sin\theta}\frac{\partial}{\partial\phi} \right) \cdot \left(\boldsymbol{e}_\phi \frac{\partial}{\partial\theta} - \boldsymbol{e}_\theta \frac{1}{\sin\theta}\frac{\partial}{\partial\phi} \right)$$

$$= -\hbar^2 \left(\frac{\partial^2}{\partial\theta^2} + \frac{\cos\theta}{\sin\theta}\frac{\partial}{\partial\theta} + \frac{1}{\sin^2\theta}\frac{\partial}{\partial\phi} \right)$$

より式 (7.29) を得る．

第 8 章

問題 8.1

エルミート多項式の漸化式 (8.3)

$$2xH_n(x) - 2nH_{n-1}(x) = H_{n+1}(x)$$

に $n = 1$，$H_0(x) = 1, H_1(x) = 2x$ を代入すると

$$2xH_1(x) - 2H_0(x) = 2x(2x) - 2(1) = 4x^2 - 2 = H_2(x)$$

となり，正しい $H_2(x) = 4x^2 - 2$ を得る.

続いて，$n = 2$，$H_1(x) = 2x, H_2(x) = 4x^2 - 2$ を代入すると

$$2x(4x^2 - 2) - 2(2)(2x) = 8x^3 - 12x = H_3(x)$$

となり，やはり正しい $H_3(x) = 8x^3 - 12x$ を得る.

問題 8.2

$H_n(x) = (-1)^n e^{x^2} \frac{d^n}{dx^n} e^{-x^2}$ より

$$
\begin{aligned}
H_{n+1}(x) &= (-1)^{n+1} e^{x^2} \frac{d^{n+1}}{dx^{n+1}} e^{-x^2} \\
&= (-1)^{n+1} e^{x^2} \frac{d^n}{dx^n} (-2x) e^{-x^2} \\
&= (-1)^{n+1} e^{x^2} (-2) \frac{d^{n-1}}{dx^{n-1}} e^{-x^2} + (-1)^{n+1} e^{x^2} \frac{d^{n-1}}{dx^{n-1}} (-2x) \frac{d}{dx} e^{-x^2} \\
&= (-1)^{n+1} e^{x^2} (-4) \frac{d^{n-1}}{dx^{n-1}} e^{-x^2} + (-1)^{n+1} e^{x^2} \frac{d^{n-2}}{dx^{n-2}} (-2x) \frac{d^2}{dx^2} e^{-x^2} \\
&= (-1)^{n+1} e^{x^2} (-2n) \frac{d^{n-1}}{dx^{n-1}} e^{-x^2} + (-1)^{n+1} e^{x^2} (-2x) \frac{d^n}{dx^n} e^{-x^2} \\
&= -2n(-1)^{n-1} e^{x^2} \frac{d^{n-1}}{dx^{n-1}} e^{-x^2} + 2x(-1)^n e^{x^2} \frac{d^n}{dx^n} e^{-x^2} \\
&= -2n H_{n-1}(x) + 2x H_n(x)
\end{aligned}
$$

より

$$H_n(x) = (-1)^n e^{x^2} \frac{d^n}{dx^n} e^{-x^2}$$

は漸化式 (8.13) を満たす.

$$(-1)^0 e^{x^2} e^{-x^2} = 1 = H_0(x)$$

および

$$(-1)^1 e^{x^2} \frac{d}{dx} e^{-x^2} = 2x = H_1(x)$$

より，正しい $H_0(x)$, $H_1(x)$ が得られるので，漸化式よりすべての $H_n(x)$ が正しく得られる.

問題 8.3

$H_n(x)$ の母関数表現を利用して積分を行うと

$$\int_{-\infty}^{\infty} x^2 e^{2xt-t^2} e^{2xs-s^2} e^{-x^2} dx$$

$$= \sum_{n=0}^{\infty} \sum_{m=0}^{\infty} \frac{t^n s^m}{n!m!} \int_{-\infty}^{\infty} x^2 H_n(x) H_m(x) e^{-x^2} dx \tag{1}$$

$$= \int_{-\infty}^{\infty} \{(x-t-s)^2 + 2(t+s)(x-t-s) + (t+s)^2\} e^{-(x-t-s)^2+2ts} dx$$

$$= e^{2ts} \int_{-\infty}^{\infty} (x-t-s)^2 e^{-(x-t-s)^2} dx + e^{2ts}(t+s)^2 \int_{-\infty}^{\infty} e^{-(x-t-s)^2} dx$$

$$= e^{2ts} \frac{1}{2}\sqrt{\pi} + (t+s)^2 e^{2ts} \sqrt{\pi}$$

$$= \sum_{n=0}^{\infty} \left\{ \frac{\sqrt{\pi}}{2} \frac{2^n t^n s^n}{n!} + \frac{\sqrt{\pi} 2^n (t^{n+2} s^n + 2t^{n+1} s^{n+1} + t^n s^{n+2})}{n!} \right\} \tag{2}$$

を得る．式 (1) と式 (2) の $t^n s^m$ の各項の係数は等しい必要があるため

$$\frac{1}{n!m!} \int_{-\infty}^{\infty} x^2 H_n(x) H_m(x) e^{-x^2} dx$$

$$= \frac{1}{2}\sqrt{\pi} \frac{2^n \delta_{n,m}}{n!} + \sqrt{\pi} \frac{2^{n-2} \delta_{n-2,m}}{(n-2)!} + \sqrt{\pi} \frac{2^{n-1} 2\delta_{n,m}}{(n-1)!} + \sqrt{\pi} \frac{2^n \delta_{n+2,m}}{n!}$$

でなければならない．このことから

$$\int_{-\infty}^{\infty} x^2 H_n(x) H_m(x) e^{-x^2} dx$$

$$= \frac{1}{2}\sqrt{\pi} 2^n m! \delta_{n,m} + \sqrt{\pi} 2^{n-2} n(n-1) m! \delta_{n-2,m} + \sqrt{\pi} 2^n n m! \delta_{n,m}$$

$$+ \sqrt{\pi} 2^n m! \delta_{n+2,m}$$

となる．したがって

$m = n$ のとき　$\cdots$　$\sqrt{\pi} 2^n n! (\frac{1}{2} + n)$

$m = n - 2$ のとき　$\cdots$　$\sqrt{\pi} 2^{n-2} n!$

$m = n + 2$ のとき　$\cdots$　$\sqrt{\pi} 2^n (n+2)!$

それ以外の n と m の組み合わせのとき　$\cdots$　0

になる．

索　引

著者紹介

柴田尚和（しばた　なおかず）
1996 年　東京理科大学大学院理学研究科物理学専攻 博士後期課程修了
現　在　東北大学大学院理学研究科物理学専攻 教授，博士（理学）
専　門　物性理論

是常　隆（これつね　たかし）
2004 年　東京大学大学院理学系研究科物理学専攻 博士後期課程修了
現　在　東北大学大学院理学研究科物理学専攻 准教授，博士（理学）
専　門　物性理論

物理数学
— 量子力学のための
フーリエ解析・特殊関数

Mathematics for Quantum Mechanics:
Fourier Analysis and Special Functions

2021 年 9 月 30 日　初版 1 刷発行
2023 年 9 月 5 日　初版 2 刷発行

検印廃止
NDC 421.5

ISBN 978–4–320–03616–1

著　者　柴田尚和・是常　隆 ⓒ 2021

発行者　南條光章

発行所　**共立出版株式会社**

〒 112–0006
東京都文京区小日向 4 丁目 6 番 19 号
電話 03–3947–2511 （代表）
振替口座 00110–2–57035
www.kyoritsu-pub.co.jp

印　刷　藤原印刷
製　本

一般社団法人
自然科学書協会
会員

Printed in Japan

■物理学関連書

www.kyoritsu-pub.co.jp **共立出版**